邱葭菲 等著

高等职业教育
机械专业教学法

GAODENG ZHIYE JIAOYU
JIXIE ZHUANYE JIAOXUEFA

化学工业出版社

·北京·

本书系统地对高等职业教育机械专业的职业、学情及教学进行了分析，详细介绍了基于行动导向的各教学方法的特点、条件及操作技术，并提供了大量的应用范例。本书共分十章，包括：高等职业教育机械专业职业分析，高等职业教育机械专业学情分析，高等职业教育机械专业教学分析，基于行动导向的教学法概述，引导文教学法及应用，案例教学法及应用，项目教学法及应用，四阶段教学法及应用，角色扮演教学法及应用和其他教学法及应用。

本书指导性强、操作性强和实用性强，既是专业教学法方面的研究成果，又是专业教师的专业教学法培训教材，还是专业教师的教学方法指导书、参考书。

本书可作为高职教育专业教师用书，同时也适合中职及应用型本科院校专业教师阅读参考，还可供职业教育理论工作者及研究人员参考。

图书在版编目（CIP）数据

高等职业教育机械专业教学法/邱葭菲等著. —北京：
化学工业出版社，2017.5
ISBN 978-7-122-29207-0

Ⅰ.①高…　Ⅱ.①邱…　Ⅲ.①机械工程-教学法-高等
职业教育　Ⅳ.①TH

中国版本图书馆 CIP 数据核字（2017）第 043128 号

责任编辑：韩庆利　　　　　　　　　　　装帧设计：史利平
责任校对：边　涛

出版发行：化学工业出版社（北京市东城区青年湖南街 13 号　邮政编码 100011）
印　　装：高教社（天津）印务有限公司
710mm×1000mm　1/16　印张 12¾　字数 232 千字　2017 年 5 月北京第 1 版第 1 次印刷

购书咨询：010-64518888（传真：010-64519686）　　售后服务：010-64518899
网　　址：http://www.cip.com.cn
凡购买本书，如有缺损质量问题，本社销售中心负责调换。

定　　价：58.00 元

前言
FOREWORD

　　教学法,即教学方法,就是师生为了实现共同的教学目标,完成共同的教学任务,在教学过程中所采用的一切方法的总称。 教学方法是教学中教师实施教学的重要策略和基本能力,对于提高教学效果、完成教学目标起着重要作用。

　　众所周知,我国高等职业教育的历史不长,对高等职业教育教学方法的研究时间更短,对专业教学法的研究更少。 对于职业教育,不论教育行政部门还是学校及行业(企业),一直都在强调教学方法的改革和创新,但在实际专业教学中很多教师仍采用注重于书本知识传授的传统教学方法,更多的是应用以教师为中心、讲授或知识传授为主的注入式教学方法,而很少甚至没有去研究、运用符合高职学生的认知特点和学习心理特点,符合专业教学的特殊要求(职业性和实践性)及符合现代教学理念和职业教育要求的教学方法。 这与培养学生综合职业能力的现代职业教育的要求相距甚远,所以教学效果往往欠佳,不利于学生综合职业能力的培养。 因此对专业教学方法进行研究、创新与运用,是提高专业教师教学能力与水平的重要途径,是专业建设中急需解决的问题。 为此我们撰写了《高等职业教育机械专业教学法》一书。

　　专业教学法就是研究各种教学方法的基本内涵、教学特征、实施步骤,以及在专业教学中的应用条件、环境等内容,为专业教师设计、选择和运用教学方法并创新出具有专业特色的教学方法提供指导、帮助和应用范例,最终达到提高专业教师的教学方法的研究能力和应用能力。 需要注意的是,"教学有法,教无定法",认识、模仿、应用、研究开发各种教学方法,并灵活应用,才是教师提高教学能力的发展之路。

　　《高等职业教育机械专业教学法》一书共分十章:第一章高等职业教育机械专业职业分析;第二章高等职业教育机械专业学情分析;第三章高等职业教育机械专业教学分析;第四章基于行动导向的教学法概述;第五章引导文教学法及应用;第六章案例教学法及应用;第七章项目教学法及应用;第八章四阶段教学法及应用;第九章角色扮演教学法及应用;第十章其他教学法及应用。

　　《高等职业教育机械专业教学法》既是专业教学法方面的研究成果,又是专业教师的专业教学法培训教材,还是专业教师的教学方法指导书、参考书,可以说填补了高职教育机械专业教学法研究及教学法教材的空白。

　　《高等职业教育机械专业教学法》指导性强、操作性强和实用性强,不仅对高职机械专业的专业教师的教学方法的创新与运用，提供了理论依据和典型的实践范例，而且也对高职其他专业的专业教师的教学方法的研究、创新与运用能力以及教学能力与水平的提高同样具有重要指导作用。同时也适合中职及应用型本科院校专业教师阅读参考，还可供职业教育理论工作者及研究人员参考。

本书由浙江机电职业技术学院邱葭菲、王瑞权、陈小红、蔡郴英著。第一章、第三章、第六章、第七章、第八章、第九章、第十章由邱葭菲著，第四章由王瑞权著，第五章由陈小红著，第二章由蔡郴英著。邱葭菲对全书进行了统稿。

本书在写作过程中，参阅了国内外出版的有关书籍和资料，充分吸收了国内多所职业学校近年来的教学改革经验，得到了许多教授、专家的支持和帮助，在此表示衷心感谢。

由于水平有限，书中难免有疏漏，恳请有关专家和广大读者批评指正。

著　者

目 录
CONTENTS

第一章

高等职业教育机械专业职业分析

第一节　高等职业教育人才培养目标分析

一、从高等职业教育发展历程看其人才培养目标的定位

我国高等职业教育发展的历史不长，高职人才培养目标的定位一直不够清晰、不太明确，且一直存有争议。直到教育部 2006 年教高 16 号文件《关于全面提高高等职业教育教学质量的若干意见》明确指出"高职院校是培养面向生产、建设、服务和管理第一线需要的高素质技能型专门人才"，才明确了高等职业教育的"层次特征"和"类型特征"，即不同于普通本科教育的高于中职层次的另一类型高等教育，培养目标是高素质技能型专门人才。在随后的 100 所示范性院校建设及开展的第一轮高职院校人才培养水平评估都是以此为准。

2009 年教育部发布《关于制定中等职业学校教学计划的原则意见》（教职成〔2009〕2 号）文件明确了中职教育人才培养目标定位，即"中等职业学校培养与我国社会主义现代化建设要求相适应，德、智、体、美全面发展，具有综合职业能力，在生产、服务一线工作的高素质劳动者和技能型人才"。对比这两个教育部文件，人们发现高职与中职的人才培养目标定位非常相似，都是技能型人才，在这阶段曾引起高职人才培养方向的迷茫及中高职人才培养目标的争论。

可能是为了区别中高职技能型定位不同，2011 年在《教育部关于推进中等和高等职业教育协调发展的指导意见》（教职成〔2011〕9 号）中又指出"高等职业教育是高等教育的重要组成部分，重点培养高端技能型人才"，强调了高职培养的是"高端"技能型。从 2006 年到 2011 年的 5 年是我国高等职业

教育发展非常迅速的时期，特别是通过 100 所示范性院校的建设实践及国外职教理论的学习研究，无论是教育行政管理者还是高职院校教师或是高职教育理论研究者对高等职业教育有了更深、更新、更清醒的认识，不管是"高素质技能型"还是"高端技能型"的单一技能型人才定位，既不能体现高等教育"高"的层次特征（实际上是往中职下靠），又不适应我国经济发展方式转变及随后的产业转型升级。

直到 2012 年教育部颁发的《国家教育事业发展第十二个五年规划》（教发〔2012〕9 号）指出"高等职业教育重点培养产业转型升级和企业技术创新需要的发展型、复合型和创新型的技术技能人才"。这是教育行政管理部门第一次明确高等职业教育技术技能型人才定位。

2014 年在《国务院关于加快发展现代职业教育的决定》（国发〔2014〕19 号）中，又再次明确了"专科高等职业院校要密切产学研合作，培养服务区域发展的技术技能人才"。

虽然教育行政管理部门明确了高等职业教育的技术技能人才定位，并且获得共识，但在各个高职院校的具体实践中还需进一步理清有关问题，如在技术技能型培养中是以"技术"为主，还是"技能"为主，又是如何复合的等。这对高职院校人才培养准确定位具有重要意义。

二、从"人才类型"及"教育体系"看其人才培养目标的定位

目前，通常把人才分为学术型和应用型两类。学术型人才研究活动的主要目的是探求事物的本质和规律，与具体的社会实践关系不是很直接。应用型人才其活动主要是利用已有的科学知识服务社会实践，与具体的社会生产劳动和生活息息相关，能为社会创造直接的经济利益和物质财富。应用型人才又可细分为工程型、技术型和技能型三类。工程型人才主要是根据所学的基本理论和知识将工程原理转化为设计方案、图纸或规划。技术型和技能型人才的任务则是在生产一线将设计方案、生产图纸及决策规划等转化为产品等物质形态或具体运行，其区别在于技术型人才劳动组成的主要部分是智力活动，而技能型人才劳动组成的主要部分是动作技能。当然，随着技术发展日益出现深度化、复杂化等特征，其工作领域或任务存在着重叠交叉的现象。

根据我国目前专业教育体系，有中职教育、高职（专科）教育、本科教育和研究生教育。本科又有普通本科和应用技术类本科（职业教育本科），研究生有学术型硕士和工程型硕士。研究型本科大学培养的是学术型人才，教学研究型或教学型

本科培养的是工程型人才，应用技术类本科（包括职业教育本科）培养的是技术型人才，中职教育主要培养的是技能型人才，高职教育培养的是介于技术型与技能型之间的技术技能型人才，即高层级技能型到低层级技术型及其复合型人才。学历类型与人才类型对应见表1-1。

表 1-1　学历类型与人才类型对应表

序号	学历教育类型	人才培养类型
1	研究型本科大学	学术型
2	普通本科(教学研究型、教学型)大学	工程型
3	应用技术本科(职业教育本科)大学	技术型
4	高等职业教育学院	技术技能型(技术偏重或技能偏重)
5	中等职业教育学校	技能型(中、低层级技能型)

随着高等教育进入大众化阶段，高职招生形式多样化，有普通高考、单考单招、自主招生及注册入学等；生源成分复杂化，有高中后的普通高考生、中职后的三校生（普通中专、技工学校、职业高中），还有复转军人等；学生成绩差距大、文化基础差别大、独生子女个性差异大等，再者不同区域之间经济技术发展又不平衡。在这种情况下，如果采用同一标准、同一方式、同一目标将很难培养合格的适用生产一线的技术技能人才，因此，我们认为在同一培养目标定位下，高等职业教育既可培养以技术为主、技能为辅的技术偏重型的技术技能型人才，又可培养以技能为主、技术为辅的技能偏重型的技术技能型人才。

由此可见，专科高职教育主要应培养生产一线的技术技能型人才，即覆盖较低层级的技术型到较高层级的技能型及其复合型人才。技术技能人才，具体又可细分为技术偏重的技术技能型人才和技能偏重的技术技能型人才。

第二节　高等职业教育机械专业职业岗位分析

据有关资料统计，近年来全国高等职业院校开设机械设计制造类专业有800多所，年招生数12万以上。在机电大类专业中，机械设计制造类专业（以下简称机械专业）开设数、年招生数仅次于自动化类专业，是第二大类专业。

根据教育部《普通高等学校高等职业教育专科（专业）目录（2015年）》（以下简称《目录》），高等职业教育机械设计制造类专业有19个，专业代码为

560101~560119，其专业名称、专业代码、主要专业方向及职业类别等见表 1-2。专业又主要集中在机械设计与制造、机械制造与自动化、模具设计与制造、数控技术、机械产品检测检验技术、焊接技术与自动化、铸造技术等。

根据调研分析，高职机械类专业主要培养目标是机械制造行业生产、管理、服务一线的技术技能人才，即车间一线技术（工艺）员、车间一线检验员、机械加工操作工及车间生产管理员（调度）等。其主要职业岗位有技术岗（工艺设计、工装设计）、操作岗（机床操作、加工中心操作）、检验岗（产品检验、质量分析）和管理岗（生产管理、设备管理）四类，此外也还有产品营销、产品装配调试等岗位。其中从事技术岗的技术（工艺）员就是技术偏重的技术技能型人才，从事操作岗的操作工就属于技能偏重的技术技能型人才，从事检验检测的检验员、生产调度既属于技术偏重的技术技能型人才，也可理解为技术技能复合型人才。

这里需要注意以下几点，说明如下：

（1）虽然机械设计制造类专业主要是上述四个岗位，但由于各专业的特殊性，有的可能不只上述四个，如模具设计与制造专业除模具设计、模具制造、检验及管理岗位外，还有模具装配与调试、产品成型工艺等岗位。也有的可能没有四个，如高职铸造技术专业就没有操作岗。

（2）虽然同样是技术岗，但不同的专业其主要工作任务则有所侧重，有的可能侧重工艺制定，有的则侧重设计，也有的则两者兼而有之。如模具设计与制造专业主要是冲压模设计、塑料模设计及成型工艺设计，机械设计与制造专业主要是工艺编制与工装设计，数控技术专业主要是数控编程及数控加工工艺编制，焊接技术与自动化专业主要是焊接工艺编制与工艺评定，机械产品检测检验技术专业主要是检测检验工艺方案制定及质量管理等。

（3）由于各个院校所处地理位置不同、服务产业区域不同、生产力发展状况不一样，虽然是同一专业，其职业岗位也可能不完全一样，甚至同一职业岗位具体内容可能也会有所差别。如同为焊接技术与自动化专业的操作岗，在传统的锅炉、压力容器行业，主要是手工及半自动操作，而汽车、摩托车等行业则主要是焊接机器人操作。

（4）由于高职教育主要是服务地方区域产业，一些专业根据当地产业行业特点都有明确的专业方向，如同样为机械设计与制造专业，有的院校是阀门设计与制造方向、有的则是轴承设计与制造方向等。又如工艺设计专业就有玩具造型设计方向、家具造型设计方向、机电产品造型设计分析等。以上虽然属于同一专业，其职业岗位就明显不同。

表 1-2　高等职业教育专科机械设计制造类专业

专业代码	专业名称	专业方向举例	主要对应职业类别	衔接中职专业举例	接续本科专业举例
560101	机械设计与制造	起重运输机械设计与制造 阀门设计与制造 轴承设计与制造 机床再制造技术 计算机辅助设计与制造 弹箭武器制造技术	机械工程技术人员 机械冷加工人员	机械制造技术 机械加工技术 数控技术应用 模具制造技术	机械工程 机械设计制造及其自动化
560102	机械制造与自动化	机械制造工艺与设备 柔性制造技术 增材制造技术	机械工程技术人员 机械冷加工人员 电气工程技术人员	机械制造技术 机械加工技术 数控技术应用 模具制造技术	机械工程 机械设计制造及其自动化
560103	数控技术		机械工程技术人员 机械冷加工人员 机械热加工人员 电气工程技术人员	数控技术应用 机械制造技术 机械加工技术	机械设计制造及其自动化 机械工程
560104	精密机械技术		仪器仪表装配人员 机械冷加工人员 机械工程技术人员	光电仪器制造与维修 数控技术应用 机电技术应用 工业自动化仪表及应用	机械电子工程
560105	特种加工技术	激光加工技术 电加工技术 精密加工技术	机械热加工人员 机械冷加工人员	金属热加工 钢铁冶炼	材料成型及控制工程
560106	材料成型与控制技术	金属制品加工 复合材料成型与加工	机械冷加工人员 机械热加工人员 机械工程技术人员 冶金工程技术人员	金属热加工 钢铁冶炼	材料科学与工程 金属材料工程 材料成型及控制工程 焊接技术与工程
560107	金属材料与热处理技术	力学性能检测与金相分析 热处理工艺开发 热处理生产技术 热处理设备使用与维护	机械热加工人员 机械冷加工人员 机械工程技术人员	金属热加工 金属表面处理技术应用	金属材料工程 材料成型及控制工程

续表

专业代码	专业名称	专业方向举例	主要对应职业类别	衔接中职专业举例	接续本科专业举例
560108	铸造技术		机械热加工人员 冶金工程技术人员	金属热加工 钢铁冶炼	材料科学与工程 金属材料工程 材料成型及控制工程
560109	锻压技术	锻造 冲压 钣金	冶金工程技术人员 机械热加工人员	金属压力加工	材料科学与工程 金属材料工程 材料成型及控制工程
560110	焊接技术与自动化		机械热加工人员 机械工程技术人员	焊接技术应用	焊接技术与工程
560111	机械产品检测检验技术	机械零部件测量与检验 机械产品质量检测与管理	机械工程技术人员 检验试验人员 检验检疫工程技术人员	机械制造技术 机械加工技术 机电产品检测技术应用	机械设计制造及其自动化 机械工程 测控技术与仪器
560112	理化测试与质检技术	无损检测技术 工业分析 理化测试	机械工程技术人员 检验试验人员	工程材料检测技术 机电产品检测技术应用	材料科学与工程
560113	模具设计与制造	冲压模具设计与制造 注塑模具设计与制造 模具制造与维修 模具管理与技术服务 快速原型技术	机械工程技术人员 工装工具制造加工人员 机械冷加工人员 机械热加工人员	模具制造技术 机械加工技术	材料成型及控制工程 机械设计制造及其自动化
560114	电机与电器技术	低压电器制造与应用	电气工程技术人员 电机制造人员	电机电器制造与维修	电气工程及其自动化
560115	电线电缆制造技术		电线电缆、光纤光缆及电工器材制造人员 电气工程技术人员	机电技术应用 电气技术应用 高分子材料加工工艺 橡胶工艺	电气工程及其自动化 高分子材料与工程

续表

专业代码	专业名称	专业方向举例	主要对应职业类别	衔接中职专业举例	接续本科专业举例
560116	内燃机制造与维修	内燃机制造与测试 内燃机安装与维护 内燃机检测与故障诊断	锅炉及原动设备制造人员 机械工程技术人员 机械冷加工人员 机械热加工人员	机械制造技术 汽车运用与维修	机械设计制造及其自动化
560117	机械装备制造技术	农业机械装备技术 轻工机械装备技术 服装机械装备技术 起重运输机械装备技术 工程机械装备技术	机械工程技术人员 通用基础件装配制造人员 建筑安装施工人员	机械制造技术 机电技术应用 机电设备安装与维修	机械工程 机械设计制造及其自动化
560118	工业设计	机电产品造型设计 家具造型设计 玩具造型设计 旅游品造型设计 日用品造型设计 器械设施设计	工业(产品)设计工程技术人员 工艺美术品制造人员	机械制造技术 机械加工技术 模具制造技术 工艺美术 美术设计与制作	工业设计 产品设计 工艺美术 艺术与科技
560119	工业工程技术	机械制造生产管理 产品质量控制 能耗与成本控制 产品价格管理	管理(工业)工程技术人员 机械工程技术人员 会计专业人员	产品质量监督检验 机械制造技术 机械加工技术 机电技术应用 市场营销	工业工程 工商管理 市场营销

第三节　高等职业教育机械专业职业能力分析

我们知道，职业能力包括专业能力、方法能力和社会能力三方面。专业能力，即具备从事职业活动所需的知识和技能；方法能力，即具备从事职业活动所需的工作方法和学习方法，如解决问题的思路、学习新技术方法等能力；社会能力，即具备从事职业活动所需的行为能力，如职业行为（敬业、诚信、吃苦耐劳、团队合作）、规范操作（按规程操作、加工等）、安全意识等职业素养。

我们曾以焊接技术与自动化专业为例对 50 多家企业进行调研，以了解企业对人才培养提出自己的期望和建议。调查发现，企业对学生的要求不仅仅在于专业技能和能力方面，对学生的综合素质，特别是职业素养，包括职业意识、职业行为等非常看重。在调查的 50 家企业中，有 90％的企业最看重的职业素质是敬业、诚信、吃苦耐劳、安全意识、规范操作等职业素养；其次是学习能力与方法能力，占80%；第三是专业技能，占60%；第四是管理能力，占30%。而在实际教学中，学校注重的往往是专业技能或专业能力，忽略了诸如吃苦耐劳、团结合作、规范操作、安全意识等职业素养培养和学习能力与方法能力的培养。其他专业情况与此类似。

培养学生职业素养除加强教育外，关键是要把培养意识贯穿于整个教学特别是实训教学过程中，如实训基地建设尽量与企业生产车间"标准"一致，让学生感到进入学校实训基地就来到了企业生产加工车间；设备操作步骤和程序完全按企业生产"标准"（规程）进行；试件质量要求完全按企业产品质量"标准"检验；实训安排按企业生产排班"标准"（排班制度）安排，如适当安排"两班倒"甚至"三班倒"。总之，必须让学生树立明确的判断准则，生产中只有"是与非"之分、"合格品与不合格品"之分，没有折中标准（大概、可能）。这样就能促使学生在学习过程中养成"标准就是质量"、"让标准成为习惯"、直至"让习惯成为标准"的职业素质。

一、机械设计与制造专业的职业岗位与职业能力要求

机械设计与制造专业是培养具有设计和加工机械零件能力，能从事工艺工装设计、零部件设计、产品装配与质量检验、机床设备操作与维护等工作的生产、管理、服务第一线的技术技能型人才。表1-3为机械设计与制造专业典型职业岗位与对应的职业能力要求。

表 1-3　机械设计与制造专业典型职业岗位与职业能力

典型职业岗位	工作任务	职业能力	
1. 机械加工设备操作	1-1 普通机床操作	1-1-1	能读识产品图纸及读懂工艺文件
		1-1-2	能刃磨、选用和使用刀具
		1-1-3	能合理选用工装夹具
		1-1-4	会操作普通机床及其维护与保养
		1-1-5	会使用量具、检具
		1-1-6	能相互协作、技术交流,遵守安全操作规程
	1-2 数控机床操作	1-2-1	能读识产品图纸及读懂工艺文件
		1-2-2	能刃磨、选用和使用刀具
		1-2-3	能合理选用工装夹具
		1-2-4	会数控编程及操作数控机床
		1-2-5	会使用量具检具
		1-2-6	能相互协作、技术交流,遵守安全操作规程

续表

典型职业岗位	工作任务		职业能力
2.机制工艺设计	2-1 工艺流程设计	2-1-1	能读识产品图纸及查阅相关加工标准
		2-1-2	能进行加工零件结构工艺性分析
		2-1-3	能根据零件类型、产量等合理选择工艺方法
		2-1-3	会制定产品加工工艺路线
		2-1-4	能实施车间定制管理
		2-1-5	会合理设置物流
		2-1-6	能相互协作并保持一定的成本意识和质量意识
	2-2 工艺文件编制	2-2-1	能读识产品图纸及熟悉加工工艺流程
		2-2-2	能合理选用毛坯
		2-2-3	能合理选用机械加工设备
		2-2-4	会编制机械加工过程卡、机械加工工序卡
		2-2-5	能制定工时定额和材料定额
		2-2-6	会选用刀具、量具、检具、夹具
	2-3 工艺装备设计	2-3-1	能设计专用夹具及检量具
		2-3-2	能设计工位器具、搭建柔性夹具
		2-3-3	能进行工艺装备验证
	2-4 现场工艺管理	2-4-1	能实施工艺纪律检查
		2-4-2	能现场工艺指导及处理一般技术问题
		2-4-3	能进行机加工工艺验证
		2-4-4	能与他人良好沟通与交流
3.产品质量检验	3-1 质量检验	3-1-1	能读识产品图,读懂加工工艺文件及检验标准
		3-1-2	能选择合理方法检验原材料、零部件及成品
		3-1-3	能编制检验指导书
		3-1-4	会使用常用检验检测工具
		3-1-5	会撰写检验检测质量报告
	3-2 质量分析	3-2-1	能采用正确方法分析各因素对产品质量影响
		3-2-2	能撰写质量分析报告,提出工艺改进或优化措施
		3-2-3	能处理现场质量问题
4.设备与生产管理	4-1 设备管理	4-1-1	能制定设备操作规程
		4-1-2	能对设备进行维护与维修
	4-2 生产管理	4-2-1	能正确分析生产能力
		4-2-2	会编制生产计划
		4-2-3	能进行生产组织与调度
		4-2-4	能按 5S 管理生产现场

续表

典型职业岗位	工作任务	职业能力	
5.机械产品营销	5-1 市场调研、分析、开发	5-1-1	能熟悉机械加工特点及加工流程
		5-1-2	能掌握市场调研的常用方法
		5-1-3	能对调研数据作市场分析
		5-1-4	会撰写市场调研分析报告
		5-1-5	挖掘潜在市场、开拓新市场
	5-2 产品营销	5-2-1	会市场销售策划和组织实施
		5-2-2	能熟练向客户介绍机械产品
		5-2-3	会报价、协商、签协、成交、交付等流程
		5-2-4	能熟知营销相关法律与法规
	5-3 售后服务	5-3-1	会建立客户信息档案
		5-3-2	能定期走访客户并记录
		5-3-3	能指导客户正确使用产品,解决使用中存在的问题
		5-3-4	能对客户需求及时处理与反馈

二、模具设计与制造专业的职业能力要求

模具设计与制造专业是培养掌握模具设计和制造技术方面的专业知识,掌握模具 CAD/CAM 方面的技术和技能,具有模具设计、制造、检验、装配调试、成型工艺及相关设备的操作、维护等实践能力,适应模具行业生产、管理、服务第一线需要的技术技能型人才。表 1-4 为模具设计与制造专业典型职业岗位与对应的职业能力要求。

表 1-4　模具设计与制造专业典型职业岗位与职业能力

典型职业岗位	工作任务	职业能力	
1. 产品成型工艺及实施	1-1 成型工艺制定	1-1-1	能读识模具成型产品图纸及对产品结构工艺性分析
		1-1-2	能编制成型加工工艺文件
		1-1-3	能正确选用成型设备及成型工艺参数
		1-1-4	能进行成型质量分析与工艺设计优化
	1-2 成型工艺实施	1-2-1	能掌握成型设备的原理、结构及操作方法
		1-2-2	会操作成型设备进行成型加工
		1-2-3	能正确执行成型加工工艺纪律
		1-2-4	能相互协作并遵守安全操作规程

典型职业岗位	工作任务	职业能力	
2.模具设计	2-1 产品工艺分析	2-1-1	能读识产品图纸及查阅模具设计相关标准
		2-1-2	能使用计算机软件进行文字处理及绘图
		2-1-3	能进行成型材料性能分析
		2-1-4	能进行成型产品结构工艺性分析
		2-1-5	能正确选用材料成型方法与工艺
		2-1-6	会合理选用成形设备及检验方法
		2-1-7	能相互协作并保持一定的成本意识和质量意识
	2-2 模具结构设计	2-2-1	能读识产品图纸及熟悉模具设计流程
		2-2-2	能熟练使用 CAD 软件进行制图、能正确绘制模具的工程图
		2-2-3	能熟练掌握 3D 软件进行三维造型、分模、三维模具设计
		2-2-4	会选用模具材料及各类模具标准件
		2-2-5	能相互协作与技术交流并保持一定的成本意识和质量意识
	2-3 CAE 分析	2-3-1	会使用 CAE 分析软件分析模具
		2-3-2	会使用 CAE 软件进行产品材料性能分析
3.模具制造	3-1 模具制造工艺分析	3-1-1	能读识模具装配图及零件图
		3-1-2	能读懂模具加工工艺文件,审查工艺文件合理性,并提出合理化建议
	3-2 模具零件机械加工	3-2-1	会数控编程
		3-2-2	会数控机床设备操作及维护
		3-2-3	会普通机床设备操作及维护
		3-2-4	会特种机床设备操作及维护
		3-2-5	会使用检具检验零件质量及质量分析
		3-2-6	能执行工艺纪律进行加工
		3-2-7	能相互协作,遵守 6S 管理,遵守安全操作规程
	3-3 模具表面处理	3-3-1	能正确选用模具表面处理方法、工艺
		3-3-2	会操作表面处理设备,按工艺实施
		3-3-3	会使用检测设备检验表面处理质量及质量分析
4.模具装配与调试	4-1 模具装配与调试	4-1-1	能读懂和理解模具装配图
		4-1-2	能掌握常用装配方法及应用范围
		4-1-3	会使用模具装配调试的各种工具及设备
		4-1-4	能根据要求检验模具装配与调试的精度
		4-1-5	能根据装配成型质量进行模具修配
		4-1-6	能相互协作,遵守 6S 管理,遵守安全操作规程

续表

典型职业岗位	工作任务	职业能力	
5. 模具检验与生产管理	5-1 模具检验	5-1-1	能读懂图纸、技术要求及使用相关检验标准
		5-1-2	会编制检验方案及检验工艺
		5-1-3	会正确使用检验设备及工具
		5-1-4	能进行模具加工质量统计分析及撰写检验报告
	5-2 生产管理	5-2-1	能进行模具成本核算与估价
		5-2-2	能编制模具生产计划并执行
		5-2-3	能组织协调生产及外协加工
		5-2-4	会模具设计与加工营销

三、数控技术专业的职业能力要求

数控技术专业是培养数控机床操作、数控编程、数控加工工艺规程编制、数控机床装调维修、机械设计与加工、产品测量及生产管理等生产、管理、服务第一线的技术技能型人才。表 1-5 为数控技术专业典型职业岗位与对应的职业能力要求。

表 1-5　数控技术专业典型职业岗位与职业能力

典型职业岗位	工作任务	职业能力	
1. 数控机床操作（含特种加工机床）	1-1 数控机床基本操作	1-1-1	能读识产品图纸及读懂工艺文件
		1-1-2	能操作数控机床
		1-1-3	会机床点检
		1-1-4	会排除简单故障
		1-1-5	能熟练操作数控机床操作面板
		1-1-6	会使用量具检具
		1-1-7	能设备维护与保养
		1-1-8	能相互协作、技术交流，遵守安全操作规程
	1-2 数控机床刀具准备	1-2-1	能选用和使用刀具
		1-2-2	能刃磨刀具
		1-2-3	会刀具安装与对刀
	1-3 数控机床零件装夹	1-3-1	会使用机床的通用夹具
		1-3-2	能选用组合夹具和专用夹具
		1-3-3	能选用专用夹具装夹异型零件
		1-3-4	能设计自制装夹辅具(如轴套、定位件等)
		1-3-5	会正确安装工装

典型职业岗位	工作任务	职业能力	
2. 数控加工程序编制	2-1 数控加工工艺编制	2-1-1	能读识产品图纸及查阅相关加工标准
		2-1-2	能分析零件加工工艺性,制定加工工艺路线
		2-1-3	会简单尺寸链换算
		2-1-4	会选用刀具
		2-1-5	会选用通用和组合夹具,能设计简单夹具
		2-1-6	能正确选用加工工艺参数
		2-1-7	能相互协作并保持一定的成本意识和质量意识
	2-2 数控加工程序编制	2-2-1	能熟练掌握各种系统指定格式
		2-2-2	能掌握机床电脑程序传输管理
		2-2-3	能熟练应用 CAD/CAM 知识
		2-2-4	能编写中等复杂的车削程序
		2-2-5	能编写较复杂的二维轮廓铣削程序
		2-2-6	能运用固定循环、子程序进行零件的加工程序编制
		2-2-7	能进行变量编程
		2-2-8	会程序的修改
		2-2-9	会用软件进行工件的试切模拟
		2-2-10	会配合操作工进行试切加工
		2-2-11	会在机床中断加工后正确恢复加工
3. 数控机床装调维修	3-1 数控设备装配调式	3-1-1	能读懂电气原理接线图
		3-1-2	会应用电气元件设备与安装
		3-1-3	会熟练使用电气装配方法
		3-1-4	会使用检测设备及装配工具
		3-1-5	能掌握装配工艺
		3-1-6	能检测机床精度
		3-1-7	会 PLC 调试合理布置走线
		3-1-8	能够应用数控系统参数
		3-1-9	能局部改造机床功能
	3-2 数控设备故障诊断与维修	3-2-1	能读懂机床电气液压原理图
		3-2-2	能掌握微电子元器件有关知识
		3-2-3	能诊断故障原因及部位
		3-2-4	能提出维修方案及实施
		3-2-5	能数控编程

续表

典型职业岗位	工作任务	职业能力	
3. 数控机床装调维修	3-3 数控设备客户移交	3-3-1	能熟练使用装配工具
		3-3-2	能进行设备的数控装置与各子系统之间的连线与调试
		3-3-3	能熟练使用检测设备与工具
		3-3-4	会检测机床精度
		3-3-5	能简单编程
		3-3-6	能起草数控设备交货技术协议
4. 机械设计及加工	4-1 计算机辅助设计	4-1-1	能熟练掌握机械制图、公差与配合知识
		4-1-2	能熟练使用 UG 等软件的三维建模功能
		4-1-3	会熟练使用 UG 等软件对模型的编辑与修改
		4-1-4	能使用 UG 等软件出图
	4-2 计算机辅助制造	4-2-1	能熟练掌握各种系统指令格式
		4-2-2	能够生成平面轮廓、三维曲面、曲面轮廓、曲线的刀具轨迹
		4-2-3	能进行加工参数设置
		4-2-4	能编辑刀具轨迹、刀具参数设定
		4-2-5	能根据不同数控系统生成 G 代码
		4-2-6	会用软件进行工件的试切模拟、加工代码检查与干涉检查
		4-2-7	能进行机床电脑程序传输管理
		4-2-8	能设置后处理器参数
		4-2-9	会传输数控程序
	4-3 零件的反求建模	4-3-1	会正确使用三坐标测量仪
		4-3-2	会正确处理点数据
		4-3-3	能熟练使用 UG 等软件逆向造型
		4-3-4	会正确分析逆向造型的误差点检

四、焊接技术与自动化的职业能力要求

焊接技术与自动化专业是培养具有良好职业道德、遵纪守法、诚信、敬业、有责任心，掌握焊接基本理论与基本技能，适应焊接工程领域生产、技术、管理与服

务第一线需要的，能从事焊接工艺编制、焊接工艺试验、焊接操作、焊接结构生产组织管理、焊接质量检验与分析等职业岗位的技术技能型人才。表 1-6 为焊接技术与自动化专业典型职业岗位与对应的职业能力要求。

表 1-6　焊接技术与自动化专业典型职业岗位与职业能力

典型职业岗位	工作任务	职业能力	
1.焊接操作	1-1 常用焊接方法操作	1-1-1	能识读产品图纸及焊接工艺文件
		1-1-2	能进行焊接参数的选择及设置
		1-1-3	能正确使用焊条电弧焊、CO_2 焊、TIG 焊等常用焊接方法的设备与维护
		1-1-4	会焊条电弧焊、CO_2 焊、TIG 焊等常用焊接方法的操作技术
		1-1-5	能进行焊接缺陷的返修
		1-1-6	能采取措施预防、减小和消除焊接应力与变形
		1-1-7	会焊后的质量自检
		1-1-8	能相互协作并保持一定的安全意识和质量意识
	1-2 金属切割操作	1-2-1	能识读产品图纸及焊接、切割工艺文件
		1-2-2	能正确使用氧乙炔切割及等离子切割设备
		1-2-3	能正确选择切割参数
		1-2-4	会氧乙炔切割及等离子切割的操作技术
		1-2-5	能进行焊后变形的矫正
		1-2-6	会切割后的质量自检
		1-2-7	能相互协作并保持一定的安全意识和质量意识
2.焊接工艺	2-1 焊接工艺编制	2-1-1	能识读产品图纸及查阅焊接相关标准
		2-1-2	能使用计算机软件进行文字处理及绘图
		2-1-3	能进行常用金属材料的焊接性分析
		2-1-3	能正确选用焊接方法及其焊接参数
		2-1-4	能正确选用焊接工艺措施
		2-1-5	能制定减小焊接应力与变形的措施
		2-1-6	会编制焊接工艺卡及工艺守则等工艺文件
		2-1-7	会编制焊接结构装配工艺
		2-1-8	会简单工装夹具的设计与使用
		2-1-9	能及时处理生产现场遇到的技术问题
		2-1-10	能相互协作并保持一定的成本意识和质量意识

典型职业岗位	工作任务	职业能力	
2.焊接工艺	2-2 焊接工艺评定	2-2-1	能识读产品图纸及使用焊接专业相关标准
		2-2-2	能使用计算机软件进行文字处理及绘图
		2-2-3	能正确选用焊接方法、焊接参数及工艺措施
		2-2-4	会按标准要求进行材料的焊接性试验
		2-2-5	会按标准要求进行焊接工艺评定试验
		2-2-6	会编制焊接工艺指导书和焊接工艺评定报告
		2-2-7	能相互协作并保持一定的成本意识和质量意识
	2-3 焊工培训	2-3-1	能识读产品图纸及使用焊接专业相关标准
		2-3-2	能正确制定焊工培训与考试方案
		2-3-3	会按标准要求组织焊工培训与考试
		2-3-4	能讲解理论,会技能操作
		2-3-5	会进行焊工业绩统计及档案管理
		2-3-6	能相互协作并具备良好的沟通能力
3.焊接检验	3-1 外观检验	3-1-1	能识读产品图纸及使用相关检验标准
		3-1-2	会编制外观检验方案及检验工艺
		3-1-3	会正确使用外观检验设备及工具
		3-1-4	会撰写检验及检测报告
		3-1-5	能识别焊缝外观缺陷并正确评判
		3-1-6	会进行焊接结构装配质量检验
		3-1-7	能根据缺陷情况制定返修方案
		3-1-8	能相互协作并保持一定的安全意识和质量意识
	3-2 无损检验	3-2-1	能识读产品图纸及使用相关检验标准
		3-2-2	会编制渗透探伤、磁粉探伤及超声波探伤检验方案及检验工艺
		3-2-3	会进行渗透探伤、磁粉探伤及超声波探伤操作
		3-2-4	能初步识别焊缝无损检验缺陷特征及其评判
		3-2-5	会撰写无损检验报告
		3-2-6	能根据检测结果分析缺陷产生原因制定返修方案
		3-2-7	能相互协作并保持一定的安全意识和质量意识

续表

典型职业岗位	工作任务	职业能力	
3.焊接检验	3-3 其他焊接检验	3-3-1	能识读产品图纸及使用相关试验、检验标准
		3-3-2	会编制致密性试验、水压试验、力学性能试验及金相检验方案及工艺
		3-3-3	会进行致密性试验、水压试验及金相检验操作
		3-3-4	会撰写致密性试验、水压试验、力学性能试验及金相检验报告
		3-3-5	能根据检验情况制定返修方案或改正工艺
		3-3-6	能相互协作并保持一定的安全意识和质量意识

五、铸造技术专业的职业岗位与对应的职业能力要求

铸造技术专业是培养具有诚信、敬业、有责任心，德、智、体、美全面发展，具有良好的职业道德和行为规范，具备较强的铸造技术和工艺岗位能力，具备中等复杂程度铸件的铸造工艺、工装设计能力，适应铸造生产一线工作过程主要岗位的工作要求，并具有向铸造技术、生产管理、技术服务以及机械工程材料加工应用等岗位拓展的技术技能型人才。表1-7为铸造技术专业典型职业岗位与对应的职业能力要求。

表1-7 铸造技术专业典型职业岗位与职业能力

典型职业岗位	工作任务	职业能力	
1.铸造工艺	1-1 铸件工艺设计	1-1-1	能通过零件图提炼出客户需求，或者铸件的隐性要求
		1-1-2	能看懂较为复杂机械零件二维工程图
		1-1-3	能对铸件工艺进行整体设计，能正确进行浇注系统设计和冒口、冷铁设计
	1-2 铸造工装设计	1-2-1	能利用计算机画图软件进行二维和三维工装设计
		1-2-2	具有机械结构设计能力
		1-2-3	能正确选择不同部件材质和加工精度
	1-3 铸造工艺改进	1-3-1	具有工艺分析能力和持续改进能力
		1-3-2	能熟练使用 UG 软件、铸件凝固模拟软件进行工艺分析
		1-3-3	具有新技术、新工艺应用能力和研发能力

续表

典型职业岗位	工作任务	职业能力	
2. 铸造生产与技术管理	2-1 铸造现场技术指导与管理	2-1-1	能理解和读懂铸造工艺图
		2-1-2	会进行造型操作
		2-1-3	熟悉造型生产设备及设备故障处理
		2-1-3	熟悉车间模样、芯盒、砂箱、模板等工装设备和造型工具的管理与调配
		2-1-4	熟悉原砂、黏结剂、辅料、耐火浇注管、出气引线、冷铁、保温冒口等材料的特性和管理
		2-1-5	具有一定组织和管理能力
	2-2 铸造生产计划、组织与调度	2-2-1	能理解和读懂铸造工艺图
		2-2-2	熟悉车间生产设备、人员配置和生产进度
		2-2-3	具有一定组织和管理能力
	2-3 铸造生产安全管理	2-3-1	具有 6S 管理和安全生产管理能力
		2-3-2	会识别危险源和危险生产过程
		2-3-3	能制定安全防范措施,指导和管理安全操作
	2-4 铸件熔炼组织与技术指导	2-4-1	熟悉熔炼设备、仪器及工具
		2-4-2	熟悉熔炼原材料及辅助材料
		2-4-3	具有合金配料计算能力
		2-4-4	具备合金熔炼控制能力
		2-4-5	具备合金精炼、孕育、球化、蠕化等技术的操作和控制能力
3. 铸造质量检验	3-1 铸件产品检测	3-1-1	熟悉铸造生产过程及缺陷判别
		3-1-2	熟悉检测设备与仪器
		3-1-3	会操作无损检测设备与检测技术
		3-1-4	会金相分析与化学成分分析
		3-1-5	熟悉国家与国际铸件质量标准和质量等级
	3-2 铸件产品缺陷分析与质量改进	3-2-1	熟悉铸造生产过程及缺陷判别,有较强的分析问题与解决问题能力
		3-2-2	能制定铸件缺陷修补方法与工艺
		3-2-3	具有较强的铸造工艺能力,会提出纠正和改进措施
		3-2-4	能进行数据统计和管理,能撰写质量分析报告
	3-3 质量管理文件制订	3-3-1	能进行铸造生产工艺分析和优化
		3-3-2	熟悉行业质量标准
		3-3-3	具有较强的文字撰写能力
		3-3-4	能整理及编写项目文档

续表

典型职业岗位	工作任务		职业能力
4.铸件营销与贸易	4-1 铸件营销	4-1-1	能读懂铸件图
		4-1-2	能根据零件图评估铸造工艺
		4-1-3	能根据铸件图估算铸件生产成本
		4-1-4	具有较强的沟通能力和交际能力
		4-1-5	具有较强的信息收集能力
	4-2 铸件采购	4-2-1	能读懂铸件图
		4-2-2	能根据零件图评估铸造工艺
		4-2-3	能根据铸件图估算铸件生产成本
		4-2-4	具有较强的沟通能力和交际能力
		4-2-5	具有较强的信息收集能力
	4-3 铸件贸易	4-3-1	能读懂铸件图
		4-3-2	能根据零件图评估铸造工艺
		4-3-3	能根据铸件图估算铸件生产成本
		4-3-4	具有较强的沟通能力和交际能力
		4-3-5	具有较强的信息收集能力
		4-3-6	具有外贸能力及英语交流能力

六、机械产品检测检验技术专业的职业岗位与对应的职业能力要求

　　培养具有良好的职业素养和创新精神，掌握现代制造业产品质量控制及生产管理的知识，主要从事产品质量检验、生产过程质量控制、生产计划和作业调度、设备运行与管理、质量体系建立与认证及计量与标准化等岗位的技术技能型人才。表1-8为机械产品检测检验技术专业典型职业岗位与对应的职业能力要求。

表 1-8　机械产品检测检验技术专业典型职业岗位与职业能力

典型职业岗位	工作任务		职业能力
1.产品质量检验	1-1 检验方法及检验方案的设计与实施	1-1-1	能根据产品正确选用检验方法和制定检验工艺
		1-1-2	能编制检验流程图和检验工序卡等检验文件
		1-1-3	会正确使用检具对一般机械产品熟练进行质量检验
		1-1-4	能撰写检验质量报告并提出改进措施
	1-2 专用检具设计与应用	1-2-1	能设计机械几何量中等复杂程度的专用检具
		1-2-2	会使用专用检具进行质量检验

续表

典型职业岗位	工作任务	职业能力	
1. 产品质量检验	1-3 抽样检验	1-3-1	能根据标准确定交验批及抽样方案
		1-3-2	能掌握抽样检验的一般规则
		1-3-3	能分析常规参量的概率分布
		1-3-4	会利用 OC 曲线对一次抽样方案进行接收概率评估
	1-4 不合格品处置	1-4-1	能掌握不合格品类型及处置原则
		1-4-2	能设计不合格品控制程序和工作流程
		1-4-3	会不合格品判定、处置及信息反馈
2. 质量控制与管理	2-1 质量管理工具应用	2-1-1	能一般应用常用的质量管理工具
		2-1-2	会 3 种以上控制图的绘制与分析
		2-1-3	能掌握 PDCA 质量循环的方法
	2-2 过程质量和过程能力分析	2-2-1	能发现一般过程质量特征值变异情况
		2-2-2	会常规工序质量分析和工序控制
		2-2-3	能进行一般机械加工的过程能力指数计算及过程能力分析
	2-3 质量认证内审	2-3-1	能理解 ISO9000 族标准的基本内容和要求
		2-3-2	能掌握质量认证内审的基本程序、要求和方法
		2-3-3	能做好质量体系内部审核的基层具体工作
	2-4 质量体系程序文件及专业指导书编制	2-4-1	能掌握质量管理体系文件的架构和分类
		2-4-2	会编制简易的程序文件
		2-4-3	会熟练编制机械加工和检验类作业指导书
	2-5 质量信息采集与管理	2-5-1	能及时收集质量信息
		2-5-2	能进行质量信息的整理、分析并反馈
3. 生产与设备管理	3-1 作业计划编制	3-1-1	能分析订单,进行订单流程管理
		3-1-2	能对工厂生产能力进行分析
		3-1-3	会编制生产作业计划,掌握作业排序基本原理与方法
	3-2 作业控制及调度	3-2-1	会进行作业空间的一般布局和物流规划
		3-2-2	能对作业现场进行一般调度和管控
		3-2-3	能应用 6S 方法对生产现场进行管理
		3-2-4	能进行生产进度管控及一般异常情况处理
	3-3 机电设备管理	3-3-1	会制定机电设备管理相关文件,编制保养维修计划
		3-3-2	会对设备信息进行收集、分析、整理并反馈,参与设备更新规划及设备询价与谈判
		3-3-3	会使用常用设备管理软件进行设备管理
		3-3-4	能掌握设备安装与验收工作流程

续表

典型职业岗位	工作任务	职业能力	
4.计量与标准化	4-1 计量管理	4-1-1	能制定计量器具配备计划、周期检定计划、抽检抽查计划
		4-1-2	能进行计量器具的检定、校准或送检
		4-1-3	会建立计量器具档案
		4-1-4	能进行计量器具申购报批
	4-2 标准管理	4-2-1	能制定或参与制定或修订企业技术标准
		4-2-2	能对企业技术文件的标准化内容指导与审核
		4-2-3	能收集、宣传、贯彻标准并监督实施

第二章 高等职业教育机械专业学情分析

第一节 高职学生的心理素质分析

高职学生一般处在 18~21 岁年龄，从人的生命历程来看，从初中到高中，是由少年到青年的初期，大学则是从青年中期走向成年阶段。由少年到成年，青年时期可以认为是过渡时期，大学时期则是迅速发展走向成熟的关键。虽然从生理标准来看，大学生的生长发育基本上已经成熟。但是，从心理发展的角度来看大学生还处在成熟的"过渡"期。这就导致了大学生心理成熟与生理成熟发展的不平衡。这种发展的不平衡就呈现出两极状态，即承受心理降低、需求期望心理提高。而在这一不平衡时期，他们又因种种原因未能升入心仪的大学，其内心世界是不稳定的、不平衡的、复杂的，具体表现为以下几个方面。

1. 预期期望高，但存在学习不适应性

高职学生刚进校时，往往信心满满，有的甚至做出了短、中、长期目标，如毕业时同时取得专本科学历、获取几个职业证书等，期望值颇高。但学生的文化基础较差，没有形成良好的学习习惯，缺乏学习策略、方法和技巧。进入大学后随着教学内容的增多、课堂容量加大，由中学每节课讲一两页到大学每节课要讲十来页甚至十几页，往往消化不良。此外大学与中学的教学方法也不同，中学老师讲课局限教材举一反三，学生可以细嚼慢咽，而大学老师授课速度快、教材外补充知识多。此外大学自学时间较长、自由支配时间较多，自学能力差的同学往往感到不适应。

2. 自我意识增强，但自控能力不足

从心理学的角度看，他们意识到自己已经长大，追求自己内心世界中存在的"自我"，并将注意力集中到发现自我、关心自我的存在上，开始把自己看做是"成年人"，渴望与成人一样具有平等的社会地位与权利，在心理上极力想摆脱对父母的依赖，摆脱学校及老师对其严格管理。由于生理、心理的迅速发展，使他们在缺乏足够准备的条件下，会面对许多矛盾和困惑，常使他们处于焦虑之中，稍一遇到不满或不平之事，就误认为老师或同学跟他过不去，容易造成情绪波动，甚至难以自控。

3. 自卑感严重，但反抗性强烈

高职学校生源的构成比较特殊，学生大多是基础教育中经常被忽视的弱势群体，他们由于学习成绩不好，从小学到初中到高中长期承受老师、家长的过多指责和同学们的歧视，此外有些学生还来自单亲家庭或生活贫困家庭，缺乏真诚的关爱，久而久之形成了抑郁自卑心理，对学校、对社会充满冷漠和恐惧。同时，社会对职业教育还存在着一定偏见，一些高职学生认为自己与同龄人相比前途渺茫，因此也具有一定的自卑心理。在这种心理作用下，部分学生表现在行为上无所适从、怪异和反抗，造成师生关系紧张、同学关系紧张，甚至上课逃课、不做作业、不遵守课堂纪律、不参加集体活动等。

4. 思想意识活跃，但学习动机缺失

职业教育注重学生实践技能的培养，这是形象思维能力强的高职学生的强项，加之又没有升学压力，因此学生思想意识活跃，兴趣爱好广泛。但是，一部分高职学生由于学习基础较差并且缺乏刻苦学习的精神，在学习上没有养成良好的习惯，也没有找到适合自己的学习方法，因而学习动力不足。有的学生因为不会学而学不好，有的则因为学不好而不想学，从而产生厌学的心理和行为，甚至形成学习上的恶性循环，越不努力成绩越差，成绩越差越想放弃。

5. 渴望得到认可，但人际关系障碍

高职学生在心理发展阶段存在着坦率与封闭的矛盾，一方面期盼得到人们的理解，愿意与人敞开心扉，渴望交流，另一方面又以自我为中心，表现为内向与固执。这种矛盾心理，往往造成遇事没有斡旋余地，容易形成社交障碍，难于与人沟通交流。此外，中学生交往范围较小，交往对象主要是父母、老师、同学。进入大学，交往范围一下子扩大了，有校内老师、同学，有兄弟院校老师、同学，有企业兼职老师、校友以及社会各界人士等。人群的生疏、人际关系范围的扩大以及社交难度的增加，也导致了他们人际关系上的不适应。

6. 对专业不了解、缺乏专业的预备知识与技能

高职学院的生源一般都是高考的低分考生，他们在高中学习阶段就承受着巨大的升学压力，经过了努力学习，仍然无望升入理想大学及理想专业学习；由于不能实现预期的学习目标，学习上的挫折使他们失去了学习的信心和进取心。为了求职的需要，有部分学生自愿选择了高职专业学习，但有相当一部分学生是迫于各种压力，被动地选择了高职教育。也有一些同学是为了能上大学才不得已进入非自己志愿的"冷门"专业。还有一些学生，是家长为避免其子女在社会上惹是生非，目的是把孩子送到学校让老师管着，学习知识则放在次要的位置。因此，入校后，他们往往对所学专业不感兴趣，为专业的不理想所困扰，学习上打不起精神，上课无心听讲，专业学习积极性不高，缺乏对专业的现状、发展前景及其在生产、科研领域的应用等真正的认识。

因此我们可以进行专业职业认知教育，围绕培养学生能够胜任的技能、工艺、检验等岗位的基本任务，开展入学教育、学校认同教育、专业基础和能力认知教育等教育内容，使学生了解什么是行业、企业和职业等基本知识，了解行业、企业和职业的行为规范、职业责任和职业技能要求等，使其具有一定的专业预备知识和技能，树立职业意识，以便他们转变观念和学习态度，提高学习的主动性和积极性。

7. 对实践操作具有较强的兴趣和悟性

高职学生普遍对理论知识学习兴趣不高，不喜欢讲述概念、论述原理的专业理论课程学习，但对实践操作却有较强的兴趣和悟性。这种现象在工科学生特别是机械类专业学生尤为突出。究其原因：一是高职院校学生普遍的感性思维能力较逻辑思维能力强；二是文化基础差以及学习方法欠缺造成对专业理论课的理解有一定难度；三是大部分老师仍采用传统的课堂讲授方式授课，学生往往感到枯燥无味，导致学习的主动性不强和学习积极性不高。

所以课程教学中教师要注意选用形象、生动的教学课件，应用动画、虚拟仿真、视频等现代信息技术；教师要根据学生的兴趣和注意力集中的特点，将教学中的难点、重点部分尽量放在学生兴趣和注意力集中的前半部分；教师要采用学做一体的教学模式，通过学中做或做中学，以提高学生主动学习的积极性，培养学生发现问题和解决实际工作问题的能力。

必须引起注意的是，虽然高职院校学生对于技能型课程的偏好，符合高职教育的技术技能人才培养的方向和特点，但要防止另一极端走向，出现重技能、轻理论现象。

第二节 高职学生的智力与非智力特点分析

一、高职学生的智力特点分析

1. 多元智力理论

智力也叫智能，是人们在获得知识和运用知识解决实际问题时所必须具备的各种能力的综合。美国哈佛大学心理学、教育学家霍华德·加德纳教授于1983年在《智力的结构：多元智力理论》一书中提出了多元智力理论。加德纳认为，每个人都具备8项智力，即语言智力、数理智力、空间智力、运动智力、音乐智力、人际交往智力、自我认识智力和自然观察智力。各项智力及其内涵见表2-1。

表 2-1 各项智力、内涵特点及职业体现

智力类型	智力内涵特点	职业体现
语言智力	用语言思维、表达和欣赏语言深层内涵的能力，也就是有效地运用口头语言或文字书写的能力	在记者、编辑、作家、演说家和政治家等身上得以体现
数理智力	运算和推理能力，是逻辑思维较显著的智力体现，对数字、物理、几何、化学，乃至各种理科知识有良好表现	数学家、税务会计、统计学家、计算机程序员或逻辑学家等数理智力表现突出
空间智力	利用三维空间的方式进行思维的能力，并准确地感觉视觉空间，并把所知觉到的表现出来的能力	在侦察员、向导、画家、雕刻家、建筑师、航海家、博物学家和发明家身上得以体现
运动智力	指操纵物体和调整身体的技能，即善于运用整个身体来表达想法和感觉以及运用双手灵巧地生产或改造事物的能力	工匠、雕塑家、机械师、外科医生、演员、运动员、舞蹈家等运动智力发达
音乐智力	感知、辨别、记忆、改变和表达音乐的能力	在作曲家、指挥家、歌唱家、演奏家、乐器制造者和调音师身上得以体现
人际交流智力	与人相处和交往能力，觉察、体验他人情绪、情感和意图并据此做出适当反应的能力	在教师、律师、推销员、公关人员、节目主持人、管理者和政治家等人身上有比较突出的表现
自我认知智力	认识洞察和反省自身的能力，表现为能够正确地意识和评价自身的情感、动机、欲望、个性、意志，并据此做出适当行为的能力	在哲学家、思想家、小说家等人身上有比较突出的表现
自然观察智力	观察自然界中的各种形态，对物体进行辨认和分类，能够洞察自然或人造系统的能力。即认识世界、适应世界的能力，在自然世界里辨别差异的能力	在生物学家、气象学家、地质学家等人身上有比较突出的表现

2. 基于多元智力理论的职业教育教学观

多元智力理论告诉我们，8项智力是每个人都具有的，具有同等的重要性，但各项智力在不同人身上的表现程度和发挥程度却不同，存在着较大的差异性。正常的情况下，大多数人只具有一两项发达智力，其余的一般或较不发达。

个体的智力类型是多种智力组合集成的结果。从总体上来说，个体所具有的智力类型大致可分为两大类：一类是逻辑思维；另一类是形象思维。通过学习、教育与培养，智力类型为逻辑思维者可以成为研究型、学术型、设计型的人才，智力类

型为形象思维者可成为技术型、技能型、技艺型的人才。教育实践和科学研究证明，"逻辑思维强的人"，语言智力、数理智力较发达，能较快地掌握诸如原理、定理、论证性的知识，而"形象思维强的人"，运动智力和空间智力突出，能较快地获取经验性和策略性的知识。

普通本科学生大多具有较强的数理推理及语言方面的能力，而高职学生则在空间视觉、身体动觉等方面能力较强。由于高等职业教育与普通高等教育的培养对象在智力类型及结构上的差异，决定了两种类型教育的人才培养的差异，也就是说高职教育应培养技术技能型人才，而非学术型、研究型人才。

根据多元智力理论，虽然学生的智能类型和智能水平存在较大差异，但每个学生都有一两项发达智能，都有自己独特的优势发展领域和特点。只要为他们提供合适的社会环境和教育方法，他们都能够成为社会需要的不同类型的人才，这就是我们常说的"没有教不会的学生，只有不会教的老师"。

我们的专业教学应根据高职学生运动智力、空间智力突出，而逻辑数理智力欠缺的特点，打破原有学科式的课程体系重新构建以工作过程为导向的课程体系，改传统的灌输式教学方法为基于行动导向的教学方法，以任务、项目为驱动，采用项目教学法、四阶段教学法、案例教学法、竞赛教学法、口诀教学法、经验公式教学法及角色扮演教学法等，充分激活他们学习的主动性与积极性，培养生产一线的技术技能型人才。

尊重高职学生个体智力的差异，建立差异化教学体系。教学中可设置多级多元的学习目标体系，即把教学目标分为及格、中等、良好和优秀四个不同水平层次的目标维度，根据本专业学生能力素质进行分组，选择不同的目标等级。具体可从三方面进行：一是对于同一教学内容设置不同难度的课题分别对应及格、中等、良好和优秀等级；二是同一难度内容的课题设置不同完成时间分别对应及格、中等、良好和优秀等级；三是同一难度内容的课题，根据完成质量采用差异性考核评价标准，分别对应及格、中等、良好和优秀等级。如对于"板对接单面焊双面成形"课题，只要外观检验合格就及格了，内部质量 X 射线探伤达三级为中等，内部质量 X 射线探伤达二级为良好，内部质量 X 射线探伤达一级为优秀。

尊重高职学生个体智力的差异，形成多元化考核评价观。目前，教学考核单一化是高职院校教学的普遍问题。其主要表现在以下三方面：一是考核主体单一，即只由任课教师考核；二是考核内容单一，即只考核专业知识与技能；三是考核方法单一，即只考核结果，根据最终结果评分。这种单一的考核方式，既缺乏教学过程的考核，又缺乏用人单位——企业的参与，还忽略了职业态度、职业道德、价值信念等职业素养内容，所以非常不利于学生综合职业能力的培养。

建立多元化的教学考核体系。改单一考核为多元考核，做到考核主体多元化，考核不仅有老师，还有企业人员，甚至学生；考核内容多元化，即考核内容不仅有专业知识与技能，还有职业态度、团队精神、价值观等职业素养内容；考核方式多元化，既考核结果，又进行过程考核，如教学过程中团队合作意识、规范意识、安全意识、时间意识等。实践证明，采用多元化的教学考核体系，能充分提高学生学习的主动性和积极性，有利于促进高职学生的全面发展。

3. 高职学生的智力培育

（1）影响青年学生智力发展的因素

青年学生智力发展的影响因素主要有遗传因素和教育因素两方面。遗传因素是指人与生俱来的解剖生理的特点，主要指感觉器官、运动器官、脑和神经系统的特点。遗传因素是智力形成和发展的自然前提，教育因素则是青少年智力发展的关键。遗传因素和教育因素是相辅相成的，一个人即使遗传方面有些欠缺，也可通过后天良好教育及努力学习，使智力得到提高。反之，如果一个人的遗传素质再好，但后天不认真学习、自身不努力，那么智力也不可能得到良好的发展。

（2）青年学生智力的培养

要培养、提升青年学生的智力，主要从注意力、观察力、记忆力、想象力和思维能力五方面着手。

① 注意力的培养　一切认识都是从注意开始的，人们学习知识、积累经验以及知识与技能的增长，都是在注意的作用下实现的。培养青年学生的注意力要注意以下两点。

一是培养学生的学习兴趣，引起注意力。在青少年初期，许多学生注意的稳定性还比较差，很容易受无关刺激的影响。这时教师就应该改传统的乏味的一张嘴、一本书、一个教室的填鸭式教学法为行动导向的教学法，以具体工作任务为驱动，采用做中学、学中做模式，培养学生的学习兴趣，引起学生的注意。此外要重视现代信息技术与教育教学结合，将传统的课堂教学（线下）与网络教育（线上）互补融合，如采用翻转课堂形式教学等，激发学生学习的主动性和积极性。这些新的教学模式更能引起学生的注意力。

二是激活学生的思维，稳定注意力。激活思维是稳定学生注意的一个有利的手段。当学生的思维被激活以后，他们的心理活动、思维就会围绕教学的思路展开，注意力就会保持稳定。思维的激活常常是由老师设问引起，充满悬念的问题往往能激起学生的好奇心、求知欲，进而又转化为探索问题的强大动力，促进学生对所提问题刨根究底。教师设问要做到难易适度及新颖有趣。

② 观察力的培养　观察是一种有目的、有计划、比较持久的知觉活动。观察

力是人们从事观察活动的能力。在教学过程中根据专业的特点，注重培养青年学生的观察力，对于他们的学习、专业技术技能创新及创业都是非常重要的。

一是拟定观察计划，明确目的和任务。观察的目的越明确，观察的任务越具体，观察的效果就越好。教师在教学中经常会遇到这样的情况：老师布置安排了观察任务，学生似乎也明白了，可老师一检查教学结果，却效果不理想。究其原因，是有些学生并未弄清任务细节或是在活动过程中把观察细节忽视了。

二是掌握观察方法与技巧，提升观察效果。掌握正确的观察方法和技巧，是获取好的观察效果的关键。例如，指导学生观察由整体到局部、由表及里、按次序逐项观察，顺序方式可以按时间顺序由先到后、空间顺序由远及近、结构顺序由上而下、特点顺序由显到微等等。提醒学生不要被表面现象所迷惑，要眼、耳、心并用，凡事多问问多想想。只有这样通过深入细致观察，才能够获取事物的本质特征。长此以往，学生的观察力就慢慢提高了。

三是拓宽学生知识领域，提高其观察质量。一个知识贫乏、经验不足的人，对相应事物不可能作出全面的、深刻的观察。因此教师在组织课堂观察前，要向学生推荐有关的书籍，推荐相关学习网站，要指导学生搜寻相关资料，安排课外阅读、复习相关的教学内容，以获取必需的预备知识与经验。这种让学生自己动手动脑主动储备知识的做法比学生被动接受教师灌输知识的方法更好，学生印象更深，观察质量更佳。

③ 记忆力的培养　记忆力是识记、保持、再认识和重现客观事物所反映的内容和经验的能力。如何提高自己的记忆力、保持良好的记忆力，对学生提高学习效果具有重要作用。

一是及时复习，善于复习。遗忘是记忆的相反过程，它是指对识记过的材料不能回忆或错误回忆的现象。德国心理学家艾宾浩斯遗忘规律表明：遗忘的进程是先快后慢，即刚刚记住材料的最初几个小时内的遗忘速度很快，两天后就慢了下来。所以掌握遗忘规律，及时复习，特别是遗忘速度最快的最初几小时内复习与巩固是克服遗忘的有效手段。

二是运用联想，方法多样。依据事物的内在联系，运用联想而加深理解的记忆方式，称为理解记忆。机械记忆则是以多次重复机械复习的方式进行的记忆。一般理解记忆效果要好于机械记忆，所以教师要指导学生运用联想进行理解记忆。此外，记笔记、写心得、制作资料卡片、材料分类整理等也是行之有效的记忆方法，因为记笔记、写心得、制作资料卡片及材料整理的过程实际上是对已学知识进行再加工、再理解的过程。需要注意的是，理解记忆和机械记忆又是相辅相成，互相补充的。有时也需要进行机械记忆，如课文背诵、公式记忆等。

三是手脑并用，加强实践。某职业院校曾做过这样一个比较实验，将同一年级、同一专业两个班分别按两种不同方式教学，毕业时比较教学质量。一班采用传统教学方法，先理论后操作；二班采用工学交替、学做一体，上午理论下午操作。毕业时二班成绩比一班好得多，理论和操作成绩远高于一班。

　　这说明手脑并用，加强实践对理解知识及增强记忆有很好的促进作用。因为一方面实践活动使学生对所要记忆的知识加深了理解；另一方面，实践活动也刺激了脑细胞，使其保持了敏锐和活跃，增强了记忆效果。

　　④ 想象力的培养　想象力是人在已有形象的基础上，在头脑中创造出新形象的能力。青年学生正处在富于想象的年龄，他们对周围的世界有强烈的好奇心和浓厚的兴趣。教师应该注意保护他们的兴趣和好奇心，培养他们良好的想象习惯，提高他们想象力。

　　一是通过观察，启发引导主动想象，培养想象力。培养观察能力是发展想象能力的有效手段之一。在观察事物和现象过程中，教师不仅要教给学生正确的观察方法，还要启发、引导学生主动想象，即根据观察对象的特点，展开创造性想象，具体合理地想象与观察对象有关的内容。如教师在教"仰焊操作要用小电流"时，学生往往不理解。这时就可组织学生观察仰焊成形过程，通过观察，学生发现焊缝容易下淌出现焊瘤。这时教师就可主动引导想象"重力方向如何？重力大小与质量有何关系？"学生仔细一想就明白了道理，焊缝金属在重力作用下容易下淌，采用小电流可减小熔池质量，减少重力影响。

　　二是通过阅读，信息化教学，激发想象力。教学资料中蕴含着大量可以培养学生想象能力的素材，通过阅读，激发学生想象材料中描述的某些景物、记叙的事物或情节，由此引导学生进一步想象与之相关的事物或情节，如现代化机械生产作业现场等。现代信息技术使教学资源更加丰富，仿真、动画、视频等大量呈现出图、文、声并茂的教学信息，提供了多感官刺激，使学生的想象力不断提高，同时进一步激发了学生学习兴趣，提高了教学效果。

　　⑤ 思维能力的培养　思维能力是人们在工作、学习、生活中每逢遇到问题，总要"想一想"，这种"想"的能力，就是思维能力。通过"想"对感性材料进行加工并转化为理性认识及解决问题的方案。思维能力是学习能力的核心，思维力可以通过后天训练得到提高。思维能力的培养主要是重点培养学生思维的敏捷性和深刻性。

　　一是培养学生思维的敏捷性。思维的敏捷性是指思维的速度。思维敏捷性培养常用的方法有两个：第一是教学中对学生提出速度要求，利用青少年学生"争强好胜"的心理，加强速度比赛的训练。第二是教师要教会学生提高速度的要领和方法。

例如，焊条电弧焊教学中，给出母材牌号规格、焊条型号、焊条直径、焊缝位置、焊接环境等，要求学生进行抢答比赛，焊接电流大小怎么确定？如何采用减小焊后变形的措施？采用什么样的操作手法？通过这些经验数据、经验公式及经验手法，让学生在思维活动中通过具体化达到"熟能生巧"。

二是培养学生思维的深刻性。思维的深刻性就是学生要善于概括归纳总结、抓住事物本质开展活动。有的学生能记住现成知识经验，但不会利用现有的知识经验去独立分析问题、解决问题。如实训教学中，按照老师给定的工艺方法、工艺步骤去做能做得好，而对需独立思考去做的项目（课题）却不知道怎么做，不知用什么方法，按什么工艺步骤去做。这就是缺乏深刻思维的原因，所以教师在教学中要加强学生思维的深刻性培养，注重培养学生对材料、知识的概括、总结归纳能力，培养学生运用已知知识与技能去解决生产中遇到的新问题的能力。

二、高职学生的非智力因素特点

非智力因素是指智力因素以外的一切心理因素，主要指动机、兴趣、情感、意志、性格等。学生的自信心、自尊心、好强心、求知欲、学习热情、成就动机、坚持性、独立性、自制力等都是非智力因素的具体表现。由于智力因素相对稳定，非智力因素则具有更大的可塑性，所以非智力因素对高职院校学生的学习、成长甚至成才有着更显著影响。

1. 高职学生的学习动机

学习动机，就是激发和引导个体朝着学习目标，并直接推动其学习的一种内部动因或力量。一般来说，学习动机越明确，越强烈，学生的学习积极性越高，学习的效果越好；反之，学习动机不纯或不强烈，学习的积极性就低，学习的效果也就越差。高职学生由于自己文化基础较差，没有形成良好的学习习惯与方法，加之自我约束力差，普遍存在学习目的不明确，缺乏学习动机与热情，缺乏坚忍的毅力和刻苦钻研的精神，导致学习没有持久力，不能持之以恒。要激发、培养高职学生的学习动机，应从以下几方面着手。

（1）尊重学生，相信每个学生

教师要改变职校生就是差生的观念误区，尊重学生，相信学生，相信每个学生有自我发展、自我完善的能力，重视学生的意愿、情感、需要和价值观，凡事从学生的角度去理解学生，以宽容的胸怀对待每个学生，既欣赏他的优点，又包容他的缺点。

（2）认识自我，树立信心

教师要做好学生的思想工作，帮助学生重新认识自我，树立信心，发现自己的潜能和价值，并加以引导。帮助学生形成客观正确的自我评价，让他们认识到"人无全才，人人有才"，"天生我材必有用"。对学生的进步，哪怕是微小的进步，我们都应该给予及时的表扬鼓励，因为表扬、鼓励能使学生体验到成功的喜悦，而一味批评、指责则会挫伤学生的自尊心和自信心。实践证明，表扬、鼓励比批评、指责能更有效地激发学生积极的学习动机。

（3）明确目标，形成持久学习动力

教师要帮助学生认识目标的力量，正如有了靶子才能瞄准射击，有了目标才能为之努力奋斗。让学生给自己设立目标，鼓励学生通过自己一步步努力来实现这些目标，从而形成正确的长远的持久的学习动机。这种学习动机将产生持久而强大的学习动力，推动学生形成正确的学习态度以及提高学习的主动性、积极性。

2. 高职学生的兴趣、意志、性格与情感

（1）高职学生的学习兴趣培养

学习兴趣是指一个人对学习的一种积极的认识倾向与情绪状态。托尔斯泰说过："成功的教学所需要的不是强制而是激发学生的兴趣"。如果学生对某一事物有兴趣，他就会想方设法了解它，就会持续地专心致志地钻研它。

为了提高学生的学习兴趣，教师要不断提高教学水平和个性化的教学艺术来激发学生的兴趣。如教师充分利用现代信息技术，如动画、虚拟仿真、视频等多媒体技术以增强直观性；教师采用行动导向的教学方法，如项目教学法、案例教学法等，通过任务或项目驱动的做中学，激发学生学习兴趣；教师联系生产实际，以生产实际的真实例子作启发，来提高学生学习兴趣等。

（2）高职学生的意志培养

意志是人自觉地确定目的，并根据目的来支配、调节自己的行动，克服各种困难，从而实现目的的心理活动。

良好的意志品质是一个人健康成长乃至成才的根本保证。教师可充分认真挖掘各种德育素材，如利用著名科学家或其他名人的座右铭及励志故事等来激励学生。

教学过程中，教师可根据学生的基础状况有意识地设置难度"坡度"，使教学过程成为学生克服困难的过程，激发学生战胜困难的信心，从而产生不断向更高目标攀登的不渝意志。

当学生遇到挫折、困难时，教师要帮助其分析原因，找出解决的方法，绝不能让学生因一时受挫而意志消沉，甚至放弃目标。

（3）高职学生的情感培养

高职学生面对当今社会的文凭歧视和社会偏见，以及越来越激烈的就业竞争，普遍感到压力很大，感情容易遭受挫折，情感压抑较严重。

作为教师要牢固树立"一切为了学生"的教育理念，做到热爱学生，关心学生，以实际行动为学生营造一个良好的积极向上的学习、生活环境，来赢得学生对学校、对专业的认同，对老师的认可，对学习的热爱，让学生以积极、自豪、愉快的学业情感投入到学习、生活中。

（4）高职学生的性格培养

性格是人在自身态度和行为上所表现出来的心理特征。性格主要体现在对自己、对别人、对事物的态度和所采取的言行上。性格是先天遗传与后天环境相互作用的结果，具有可塑性，可以后天培养。如勤奋就是对智力和能力有突出作用的性格特征，它能补偿某种智力或能力的相对不足。

培养学生的性格，一要培养学生具有正确的世界观、人生观、价值观；二要通过各种有目的、有计划的课外活动，如参观企业、创新创业比赛、生产实习等实践活动，培养学生的积极性、创造性、独立自主的精神；三要通过心理素质教育、集体主义教育等来培养和发展学生的良好的个性，培养学生的自信心、自尊心及好胜心。

总之，加强重视培养学生的动机、兴趣、情感、意志和性格等非智力因素，对于提高教学效果，具有非常重要意义。由此可见，在学生的成长过程中，非智力因素所起的作用是不可低估的，更是不可忽视，作为教师对此必须充分注意。

第三节 高职学生的认知特点分析

认知是指人认识外界事物的过程，学习过程实质上就是一个特殊的认知过程。根据信息加工理论，学生的学习过程就是学生对外来知识信息接收、编码、储存、提取以及运用信息与策略解决问题的过程。实践证明，学习困难的学生在认知过程中表现出的障碍主要有注意力障碍、记忆障碍、解决问题障碍等。了解这些学习障碍特点，教师就可以在教学过程中进行针对性的干预和训练，提高学习困难学生的认知能力。

1. 注意力障碍

注意力是指人的心理活动指向和集中于某种事物的能力，也就是常说的集中一门心思。研究发现，部分高职学生在学习过程中表现出明显的注意力缺陷，如注意力不集中、自控力差、易受干扰、组织规划活动困难等。这些注意力加工方面的缺陷，使他们在学习中难以有效地获取有价值的知识信息、难以有效地感受这些有价值的信息，这就是注意力障碍。由于在认知加工的整个过程中始终需要注意力的参与，所以注意力的缺陷也直接影响他们的信息加工过程中的效果与质量。

2. 记忆障碍

信息加工理论认为，记忆过程就是对输入信息的编码、存储和提取过程。只有经过编码的信息才能被记住，编码就是对已输入的信息进行加工、改造的过程，是整个记忆过程的关键阶段。

人们发现，学习困难的高职学生在记忆方面存在不少障碍：与普通本科大学生相比，其信息编码困难及编码与提取的速度较慢，这是导致他们阅读速度相对较低的原因，因为他们需要更多的时间来搜索记忆；复述频率低、复述方法不科学，导致记忆存储力不足、记忆容量低等。

3. 解决问题障碍

有的高职学生分析问题、解决问题的能力较差，他们往往不知道从何下手，不能有效地制定计划、提出解决方案，不会灵活地选择相应策略，也很少有运用策略的意识。产生这种状况原因，主要是教师在教学活动中不注意培养学生的学习策略，也有学生自身学习不主动，甚至不愿意学的因素。因此，教学中通过学习策略训练与指导是提高他们解决问题能力的重要措施。

4. 知识背景影响

学生的信息加工能力与他们的知识背景密切相关。因为个人的知识背景是长时储存在记忆里的，知识背景会影响学生对信息的编码和提取的效果。大部分高职学生由于基础差、学习习惯不好、学习方法不科学、学习积极性不高等原因，造成了他们知识背景贫乏、知识结构紊乱。知识背景贫乏使他们对外来信息加工及分类困难，知识结构紊乱则不利于他们在回忆时激活记忆力，影响记忆成绩，最终影响学习效果。

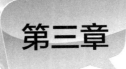

第三章 ▶▶ 高等职业教育机械专业
教学分析

教学是学校实现人才培养的基本途径，它是由教师、学生、教学内容、教学方法、教学手段、教学环境等构成的一个完整系统。

教学过程是学生在教师指导下的一种特殊的认识过程，它是教师依据一定的教育目的和特定的培养目标，有计划、有目的地引导学生认识客观世界，把学生培养成为合格人才的过程。职业教育的教学过程有其自身的特点和规律，简单地说，它是培养学生掌握一定的专业理论、专业技能和养成良好的职业素养的全过程。

教学过程是由几个既互相联系又互相区别的基本环节组成的。这些基本环节主要有备课、授课、课程考核与评价等内容。通过这些环节的实施，把教师、学生以及教学内容、教学方法和手段等有机联系起来，从而达到教学的目的，实现教学的基本任务。

第一节 备课分析

备课，是教师重要的基本功，是教学过程的重要一环。因此，作为一名教师不能不知道如何备课，更不能不研究备课艺术。

备课不仅仅是读几遍教材或看一些参考书，把教学内容弄懂弄清记住就行了。教师通过备课应达到以下几个目的：一是通过备课，认真分析专业人才培养方案、课程标准和教材，从而准确掌握教学目的、教学要求、教学的重点和难点、课时安排等，并把其转化为教师教学活动的指导思想；二是通过备课，把教材及其参考书中的知识转化为教师自己的知识，即"要给学生一杯水，先要装满自己这桶水"；三是通过备课，根据教学内容找到适应学生的教学方法和教学手段，做到因"容"施教。

备课工作一般包括备内容，备学生，备方法（教法和学法）及备教学资源等方面。

一、备内容

备内容，就是分析专业人才培养方案、课程标准、教材、教学参考书等，确定教学内容。通过分析专业人才培养方案，掌握专业人才培养的目标及职业能力要求，弄清该课程在人才培养中的地位和作用；研究课程标准，弄清本课程的教学目的，了解本课程的基本要求，按照课程标准进行教学，以保证学生掌握标准中所规定的全部内容。教材是教师进行备课的主要依据，教师必须熟练地掌握教材的全部内容及整个教材的组织结构特点。教师要按照学生的认知规律和特点，对教材进行科学"处理"，确定先讲什么、后授什么，哪些精讲、哪些简略，补充哪些、省略哪些，如何与已知有联系的部分衔接、怎样处理与其他课程相关内容等。由于教材往往落后于生产实际，在不脱离教材的基本内容前提下，根据学生职业岗位知识能力素质要求，对教材进行二次加工，适当补充新知识、新技术、新工艺、新标准、新技能，使教学内容既易于为学生所接受，又与生产实际相一致，保证教学内容反映行业生产一线的实际，突出教学的应用性和实用性。

二、备学生

备学生，即进行学情分析，全面掌握学生状况，这是教学取得成功必不可少的前提，也是备课的重要内容。学情分析包括学生的智力因素和非智力因素特点分析，具体有以下几方面：分析学生来源，是三校生（职高、中专、技校毕业生）还是普高生，以了解学生基础知识现状、学生接受能力与认知特点；分析学生对专业的态度和对职业的认识，以掌握学生的学习目的、学习态度及职业素养状况；分析他们的学习方法和学习习惯等，以预先评估学生在接受新知识时可能会遇到的学习障碍以及克服这些障碍需要采取什么有效措施等。

三、备方法

备方法就是备教法和备学法。

1. 备教法

备教法就是因材施教，根据学生的实际情况采取恰当的教学方法和教学手段。"教学有法而无定法"体现了教学方法的多样性和灵活性。教师除了熟练应用讲授法等传统教学方法外，还要根据学生特点，实施自主学习、主动学习、合作学习的方式方法。在专业教学中，要大力实施行动导向教学法模式，如项目教学法、案例教学法、四阶段教学法、情景教学法、现场教学法、引导文教学法等。此外还要充分利用现代化信息技术教学手段，如动画、虚拟仿真以及翻转课堂等。通过这些方式方法，来充分调动学生学习的主动性、积极性。

2. 备学法

备学法即学法指导。备学法要灵活多样，做到因人而异。教师教学不仅要让学生"学会"，更重要的是要让学生"会学"、"爱学"、"乐学"。职业院校学生往往在学习方法、学习习惯方面存在问题，所以教师要注重培养学生良好的学习方法，引导学生养成良好的学习习惯，从而激发学生的求知欲，帮助学生树立学习信心。学法指导时要特别注意差异化指导，即依据学生个体特征、学习状况，区别对待，分类指导，切勿千人一面，死搬硬套。

学法指导通常有以下几种方法：一是渗透法，就是在教学过程中见缝插针，随时渗透；二是讲授法，即开设学法指导课，直接向学生传授学法要领；三是交流法，即组织学生交流学习经验，取长补短；四是点悟法，即教师在学生遇到疑惑时及时给予恰当的诱导、点拨。

四、备资源

教学实施前备资源包括：教案、授课计划、课件、视频、动画、案例、技术图纸等，实训教学还有材料、设备、工具等，这里主要讨论教案和授课计划。

1. 教案

教案就是教师在授课前准备的教学方案，是教师进行教学活动的依据。内容包括教学目的、时间、方法、步骤、检查以及教材的组织等。由于每堂课的具体任务不同，课程类型不一，教学过程也有差别，所以教案没有一个统一的模式。但一份完整的教案通常主要包括以下几部分：一是基本情况，主要有课程名称、授课内容、教学日期，授课教师姓名、职称，授课班级、授课课时以及教材名称及版本，教学重点与难点等；二是教学目标，即对每一次课设计明确的教学目的和要求，既包括知识要求，也包括技能能力要求，还包括职业素养的要求；三是教学过程设计，包括整个教学活动的流程，如教学步骤安排、师生活动设计、具体教学方法与教学手段的应用、课堂小结、作业布置等；四是课后后记，也称课后小结，以便课后记下这次课的经验与问题，为教师反思教学提供重要的依据。

教案可按 1 个学习项目或 1 个学习情境这样的学习单元来编写，这种方法适用实训教学或理实一体化教学；也可根据一次课（通常 2 课时）内容来编写教案，这种方法适用于理论教学。理实一体化教学教案格式示例见表 3-1。

表 3-1 理实一体化教学教案格式示例

课程名称		周次		授课班级		授课教师	
学习项目							
教学目标		知识要求		技能要求		职业素养	
		1. 掌握…… 2. 理解…… 3. 了解……		1. 能…… 2. 会……			
教学过程		教学内容	师生活动设计		教学方法		学时
步骤 1(资讯)							
步骤 2(计划)							
步骤 3(决策)							
步骤 4(实施)							
步骤 5(检查)							
步骤 6(评估)							
步骤 7							
教学材料							
教学工具							
作业布置							
课后后记							

2. 授课计划

课程授课计划是教师组织课程教学的具体安排，它根据课程标准、教学进程表、教学内容和教材按学期编制。

课程授课计划也没有一个固定格式，通常由说明（或封面）和授课计划表两部分组成。说明部分包括：教学目标、学生学习现状分析、教学内容、考核方式、总学时等；授课计划表包括：周次、授课顺序、具体内容摘要、具体学时安排、实验安排、作业布置、重点难点等。图 3-1 为浙江机电职业技术学院课程学期授课计划格式，图 3-2 为重庆工业职业技术学院课程学期授课计划格式。

课程授课计划应在授课前完成。任课教师应严格执行课程授课计划，且在执行过程中随时检查计划的执行情况并记录，以便总结经验。教务或教学督导部门应对任课教师的课程授课计划编制及执行情况定期检查。

批准＿＿＿＿＿＿＿

201＿年＿月＿日

浙江机电职业技术学院

学期授课计划

2016/2017 学年　第一学期

课程名称　焊接结构制造工艺Ⅱ

适用班级　材型 1411

任课教师　×××

教研室主任　××

教研室通过日期：201＿年＿月＿日

学期授课计划编订说明

教学大纲名称批准部门及时间	浙江机电职业技术学院 2014 材料成型与控制技术专业(3 年制)《焊接结构制造工艺》课程标准
教学内容(授课内容起止案节)	第五单元～第八单元
教材名称作者及出版单位	《焊接结构生产》

教学时数				
本课程总时数	64	已讲授时数	36	尚需讲授时数 28

本学期授课时数	班级	本学期教学周数	本学期教学周学时	本学期教学时数	预计名义假日缺课时数	本学期实际计划时数						
						总时数	其中					
							讲授	实验	期中测验	复习课	期末考试	机动
	材型 1411	7	4	28	4	24	24					

说明	本课程是材料成型与控制技术专业(焊接方向)的一门核心课程,主要介绍焊接结构生产工艺规程编制、典型焊接结构生产工艺、焊接结构生产的安全技术、装配—焊接工艺装备等知识。本学期重点介绍焊接结构生产工艺规程的编制、典型焊接结构制造工艺等内容。本课程为考试课,期末考试在课外进行。

学期授课计划表

课号	授课章节与时数		主要内容与教材分析		实验或上机	课外作业	备注
	章节名称	时数	主要内容	重点、难点		内容或题号	
1	**第五单元　焊接结构生产工艺规程的编制****模块一　焊接结构工艺性审查**1.焊接结构工艺性审查的目的2.焊接结构工艺性审查的步骤3.焊接结构工艺性审查的内容	8 2	焊接结构工艺性审查的目的、步骤和内容	焊接结构工艺性审查的内容			
2	**模块二　焊接生产工艺过程分析**1.焊接工艺过程分析的原则2.生产纲领对工艺过程分析的影响3.工艺过程分析方法及内容	2	焊接工艺过程分析的原则及分析方法与内容	焊接工艺过程分析的原则及分析方法与内容			
3	**模块三　焊接工艺评定**1.焊接工艺评定的目的2.焊接工艺评定的原则及程序	2	焊接工艺评定的目的,焊接工艺评定的原则及程序	焊接工艺评定的目的和原则			
4	**模块四　焊接结构工艺规程的编制**	2	焊接结构工艺规程的编制	焊接结构工艺规程的编制		P118—:1、2、3、4 二:1;p123—:1、2	兼职教师上

图 3-1　浙江机电职业技术学院课程学期授课计划格式

重庆工业职业技术学院

学 期 授 课 计 划

20 ～20 学年 学期

课 程 名 称＿＿＿＿＿＿＿＿＿＿

专业、班级＿＿＿＿＿＿＿＿＿＿

拟 定 教 师＿＿＿＿＿＿＿＿＿＿

任 课 教 师＿＿＿＿＿＿＿＿＿＿

20 年 月 日

编 写 说 明

一、使用课程标准或实用大纲：

二、使用教材（书名、主编、出版社）：

三、课时情况

1.课程标准或大纲要求本课程总学时数： 学时

2.专业计划本课程期数 学期

实际教学总时数 学时

3.本期总课时数 学时＝每周 学时× 周

其中：理论教学课 课时

习题、讨论课 课时

实验实训课 课时

四、本期课程内容课时安排表（按章节或单元划分）：

序号	课程内容	小计	讲课	习题	实验	上机
1						
2						
3						
4						
5						
	机动（其中节假日 学时）					
	半期考试及测验					
	总计					

五、本计划与课程标准或实用大纲对比说明：（内容增删、课时变动，要求升降等和变动原因）

六、教研室意见：

教研室主任签字：

年 月 日

图 3-2

学期授课计划表

序号	周次	教学地点	学时	授课主要内容(章节或内容摘要)	教学方式	课后作业	教学设备
1							
2							
3							
4							
5							

图 3-2　重庆工业职业技术学院课程学期授课计划格式

第二节　授课分析

根据理论与实践结合的程度，将职业教育课程教学分为理论课教学（授课）、实践课教学（授课）、理实一体化课教学（授课）。

一、专业理论课授课

理论课是相对于实践课而言的，通常是指只讲理论知识，不进行实际操作的一种教学形式，主要适用于基本概念、基本原理等系统性知识的教学。

理论教学授课，通常采用课堂讲授方式，一般由复习前授内容、讲授新知识、辅导答疑、课堂总结和作业布置等环节构成。它是通过叙述、描绘、解释、推理来解释现象、阐明规律、论证定理、推导公式等传授知识，引导学生分析和认识问题的一种教学方式。课堂讲授的优点是，采取直接的形式向学生传输知识，避免了认识过程中一些不必要的曲折和困难，避免了学生自己摸索而多走弯路现象。课堂讲授的缺点是缺少直接体验，较实践教学而言难于提高学生学习兴趣、激发学生的学习积极性和主动性。

二、专业实践课授课

实践教学也是相对理论教学而言的，主要是指在操作现场（如生产车间、实训室、实验室）通过具体的实际操作等实践活动来向学生传授知识与技能的一种教学方式。对于高等职业教育来说，其目的就是培养学生掌握一定的专业操作技能、专业生产技能，熟悉生产流程，解决生产中的实际问题以及培养良好的职业素质。

专业实践教学主要包括实验、实习、实训、设计（毕业设计、课程设计），也包括社会实践、社会调查、科技制作、技能竞赛活动等。

由于高等职业教育培养的是既掌握理论知识，又掌握专业实际操作技能的技术技能人才，所以其人才培养方案要求实践课学时与理论课学时比例必须达 1∶1 以上，其中专业实践课又占总实践课学时的绝大部分。

1. 实验教学

实验教学是以理论教学为基础，以课堂实验方式，帮助学生感知、验证、理解书本知识，从而加深对理论的理解和掌握。实验教学一般按照预先确定的内容和方法，通过教师讲解与操作，并在教师指导下由学生独立操作完成。在高职教育中，实验课一般不单独开设，课时较少，通常在理论课中留有一定的实验课时。

2. 实训教学

实训教学是指学生在实训车间或生产现场，在实训老师指导下，运用所学理论知识，独立完成实际操作以掌握技术工艺要求与技能操作技巧为目的的一种教学形式。在高职教育中，实训课常单独开设课程，课时较长，一般为一周到数周。实训课通常有两类：一类是技能操作训练，如金工实训、数控车加工实训、焊条电弧焊操作实训等；另一类是设计、工艺编制，如冲压模设计实训、焊接结构工艺编制实训、机加工工艺编制实训等。实训课授课一般先教师讲解与操作示范，然后学生模仿与练习及教师巡回指导，最后师生总结与评价。表 3-2 为高职焊接技术与自动化专业的主要专业实训名称、内容、学时及考核要求。表 3-3 为高职模具专业的主要专业实训项目及考核要求。

表 3-2 焊接专业的主要专业实训项目及考核要求

序号	名称	主要教学内容与要求	技能考核项目与要求	学时
1	典型产品的装配焊接工艺编制实训	设计和编制锅炉或压力容器的装配工艺卡 编制锅炉或压力容器受压焊缝的焊接工艺卡 受压焊缝的焊接工艺评定	能编制典型产品的装配工艺卡 能编制典型产品的焊接工艺卡 能根据标准要求编制焊接工艺评定指导书和工艺评定报告的撰写	4 周

续表

序号	名称	主要教学内容与要求	技能考核项目与要求	学时
2	焊接检验实训	编制焊缝检验工艺 焊缝外观检验 渗透、超声波及磁粉无损探伤	能编制典型产品焊缝检验工艺卡 会使用检具进行外观检验 会使用设备进行渗透、超声波及磁粉探伤	3周
3	焊接基本技能实训	焊条电弧焊基本操作技能技法（平角焊、平对接） CO_2焊基本操作技能技法（平角焊、平对接） 气焊、气割基本操作技能（手工、半自动气割、薄板气焊）	会焊条电弧焊平角焊、I形坡口平对接焊、V形坡口平对接焊 会CO_2焊平角焊、I形坡口平对接焊 会手工、半自动气割及薄板气焊	4周
4	焊工考工（综合技能）实训	焊条电弧焊单面焊双面成形操作技能技法 CO_2焊单面焊双面成形操作技能技法 TIG焊单面焊双面成形操作技能技法	会焊条电弧焊板、管、管板三种试件的平、立、横焊位置操作 会CO_2焊板、管、管板试件的平、立、横和仰焊位置操作 会TIG焊薄板及管对接的操作	5周
5	自动化焊接实训	弧焊机器人焊接编程与操作 埋弧焊操作	会弧焊机器人编程与操作 会埋弧焊I形坡口平对接焊操作	2周

表 3-3　模具专业的主要专业实训项目及考核要求

序号	名称	主要教学内容与要求	技能考核项目与要求	学时
1	数控加工实训	数控车床的编程、调试、加工使用 数控铣床的编程、调试、加工使用	会数控车床的编程与操作 会数控铣床的编程与操作	3周
2	模具拆装实训	模具结构与工作原理 模具拆装工艺知识及基本技能	能掌握模具结构与工作原理 能掌握模具拆装工艺知识 会进行模具拆装	2周
3	模具制造工考证实训	模具钳工知识 线切割机床操作与编程 电火花机床操作与编程 模具制造工理论、装配工艺培训	会模具钳工基本操作技能 会线切割机床操作与编程 会电火花机床操作与编程	4周
4	模具设计师综合实训	模具设计原则、方法与步骤 模具总装图、零件图绘制 模具设计说明书编制 模具制品成型工艺分析	会制定中等复杂模具（冲压或注塑）设计方案 会模具二维、三维图的绘制 能编制模具设计说明书等文件 能制定冲压或塑料成型工艺	4周

3. 生产实习

生产实习是学生在学校教师和企业师傅的指导下，在企业生产现场从事一定的实际工作，完成一定的生产任务，以掌握专业知识和技能的一种实践教学形式。它既可通过运用已有的知识技能完成一定的生产任务，来加深对所学知识的理解和技能的巩固，又可学习实际生产技术知识及管理知识，使学生得到全面、系统、规范的职业技术、职业技能及职业素养的训练。

浙江机电职业技术学院在三年的学习计划中，将生产实习分为三个阶段，针对每一学年的人才培养目标都有明确的要求，形成了校外生产实习的三年三阶段模式：

第一学年期末 2 周的企业体验实习，让学生了解企业状况，体验企业文化；

第二学年期末 6 周的专业顶岗实习，学生以"职业人"的身份着眼于专业技能、专业素养和社会能力的提高；

第三学年第 6 学期的毕业综合实习（实践），学生以"员工"的身份实现预就业，并完成毕业设计。

表 3-4 为高职焊接专业生产实习课程安排。

表 3-4 焊接专业校外生产实习课程阶段安排表

项目名称	学期	学时	主要内容与要求	实习成果
企业体验实习	2	2周（暑假）	让学生了解企业状况，体验企业文化，在企业环境下进行职业素质熏陶	实践单位鉴定意见 实习报告
专业顶岗实习	4	6+8周（暑假）	通过到企业实地顶岗实习，了解和掌握企业工作环境、流程、规范、技术、设备和产品等。让学生们在企业一线岗位接受职业指导、经受职业训练，了解到与自己今后职业有关的各种信息，提高工作的责任心，让学生通过参加实际工作来考察自己能力，也为他们提供了提高自己环境适应能力的机会	实习周记、实习总结、实习作业等；选项成果：自学笔记、专项技术总结、技术革新等；实习单位考核表
毕业综合实习（就业顶岗实习＋毕业设计）	6	16周	了解企业的组织形式，人员及分工情况；了解企业焊接结构制造工艺过程；了解企业焊接结构的工艺编制及实施；了解企业产品的焊接检验方法与内容；了解企业焊接方法及设备应用；了解常用技术文档编写内容和方法，使学生在专业知识、职业意识、工作能力、思想素质等方面得到较全面的训练，以提高毕业后的岗位适应性及就业能力	实习报告；毕业实习考核表；毕业实习联系表；毕业设计说明书、图纸、工艺文件等

三、理实一体化课程教学

理实一体化课程，既非单纯的理论课，也不是单纯的实践课，而是把理论与实践有机结合在一起的一种新型的课程。通常，它以特定的项目或任务为载体将理论与实践有机融合，使学生在项目或任务实施（完成）过程中来学习相关知识与技能，并进行职业素养培养的一种课程。

高职院校采用理实一体化课程是由职业教育特点所决定的。因为学生基础较差，逻辑思维能力较弱，如果教师连续长时间理论授课，学生往往接受不了，甚至厌学，这时若通过教学做合一的"讲练结合"、"做中学"、"学中做"等方法往往就能让学生较好理解理论、掌握技能要领。

理实一体化课程教学的特点是，以学生为主体，以能力培养为核心，以工作过程为依据组织教学。在教学过程中，所有工作任务、项目都是在理实一体化车间中完成（营造教室与车间合一环境）；教学中教师既要解难释疑，又要指导学生完成工作任务，还要操作示范（造就教师与师傅合一的教学队伍）；每个任务、项目都结（融）合了一定的理论和实践技能知识，采用做中学或学中做（实现理论与实践合一）。

在具体教学中，有以下三种方式：一是先学（讲）后做，即先讲相关理论内容，用以指导实际操作（做）；二是先做后学，即先从实践（做）开始，先接受感性认识，再从理论上加以分析、归纳、总结，提高认识程度，学会相关理论；三是边做边学，即在实践（做）过程中，随时就现场遇到的实际技术问题，从理论上分析指导，以达到解决问题的目的，进而提高学生解决问题的能力。

需要注意的是，每个任务或项目要尽量选自于企业的真实素材并转换而成，与企业产品生产要求相一致，让学生以企业具体工作岗位的员工身份完成工作任务或项目，并按该岗位员工要求进行考核评价。

这里所谓的任务或项目就是学做一体、工学结合的载体，可以是典型零件的加工，也可以是典型产品或部件的装配，还可以是不同材料的工艺设计及编制甚至方案策划等。西安航空职业技术学院的机械制造及自动化专业的"机械制造工艺与装备"课程理实一体化教学，就是根据其实习工厂在制产品打壳机的结构，选取转动轴、端盖、箱体和齿轮四个能代表零件表面加工几何要素的典型零件的加工、换向齿轮箱一个部件装配及 3 个零部件的工艺编制作为载体，设计了 6 个学习情境和 19 个学习任务，学生是在完成 19 个工作任务的过程中学习相关知识与技能的。"机械制造工艺与装备"学习情境与学习任务及课时见表 3-5。

表 3-5　"机械制造工艺与装备"学习情境与学习任务及课时

课程名称	学习情境	学习任务(项目)	课时
机械制造工艺与装备	轴类零件加工	阶梯轴车削加工	32
		螺纹轴车削加工	12
		轴上键槽的铣削加工	22
		阶梯轴的磨削加工	12
	盖类零件加工	端盖的车削加工	16
		端盖的铣削加工	8
		端盖的钻孔加工	10
	箱体类零件的加工	箱体平面铣削加工	10
		箱体的孔系加工	12
		箱体连接孔的加工	10
	齿类零件的加工	齿坯的加工	10
		铣齿	10
		滚齿、插齿	8
	换向齿轮箱的装配	换向齿轮箱轴承的装配	10
		换向齿轮箱轴和齿轮的装配	8
		换向齿轮箱手轮和手柄的装配	4
	航空典型零件机械加工工艺设计	飞机前起落架摩擦销的机加工工艺编制	6
		飞机机身接头的机加工工艺编制	6
		飞机操纵系统衬套机加工工艺编制	6
合计			212

　　铸造技术专业的"铸造工艺与工装设计"就是理实一体化教学课程。它以占铸件产量 80% 的灰铸铁、球铸铁、铸钢、铝合金和铜合金 5 种不同材料铸件为载体，设计了 5 个学习任务，每个学习任务又通过 10 个具体学习项目完成，如图 3-3 所示。以"项目 5 浇注系统设计"为例的教学做一体的教学流程如图 3-4 所示。在学生工作之前，教师应进行知识点引入及简介设计步骤，教师讲解规范如图 3-5 所示。

　　焊接技术与自动化专业的核心课程"焊接方法与工艺"也是理实一体化课程，是以焊接方法为载体，设计为九个学习模块，每一模块又以不同材料的焊接分为若干任务。学生通过完成不同的任务来完成学习目标。"焊接方法与工艺"学习模块与对应的学习任务见表 3-6。

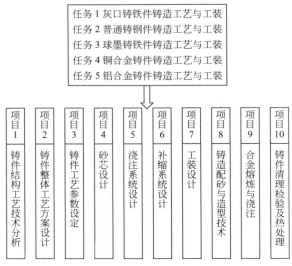

图 3-3 "铸造工艺与工装设计"学习任务

图 3-4 教学做一体的教学流程

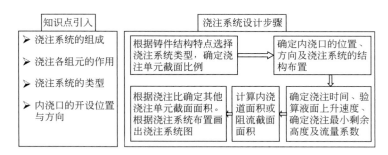

图 3-5 教师讲解规范

表 3-6　"焊接方法与工艺"学习模块与对应的学习任务

学习模块	序号	学习任务
认识焊接与焊接方法	1	认识焊接与焊接方法
焊条电弧焊及工艺	1	认识焊条电弧焊
	2	低碳钢的焊条电弧焊
	3	低合金高强钢的焊条电弧焊
	4	奥氏体不锈钢的焊条电弧焊
埋弧焊及工艺	1	认识埋弧焊
	2	低碳钢的埋弧焊
	3	低合金高强钢的埋弧焊
熔化极气体保护焊及工艺	1	认识熔化极气体保护焊
	2	低碳钢的 CO_2 焊
	3	低合金高强钢的 MAG 焊
TIG 焊及工艺	1	认识 TIG 焊
	2	珠光体耐热钢的 TIG 焊
	3	奥氏体不锈钢的 TIG 焊
气焊气割及工艺	1	认识气焊
	2	低碳钢的气焊
	3	认识气割
	4	低碳钢的气割
电阻焊及工艺	1	认识电阻焊
	2	低碳钢的电阻点焊
	3	低合金高强钢的对焊
等离子弧焊割及工艺	1	认识等离子弧焊
	2	认识等离子弧切割
	3	不锈钢的等离子弧切割
其他焊割方法及工艺	1	认识钎焊
	2	认识电渣焊
	3	认识碳弧气刨
	4	认识摩擦焊
	5	认识高能束焊
	6	认识焊接机器人

事实上，理实一体化课程不但适合于职业教育，同样也适用于普通本科教育。虽然本科院校学生基础较好，逻辑思维能力较强，即使理论与实践稍有脱节

问题也不大，但如果普通本科院校也采用理实一体化课程教学，教学效果则无疑会更好。

四、理实一体化教学或实训课教学应正确处理好的几个关系

1. 基本技能与综合技能的关系

教学中，我们发现一些教师对基本技能训练非常重视，而对综合技能的培养重视不够，致使一些学生的综合技能，即综合运用能力较差。具体来说主要表现在以下两个方面：一是，学生对简单、单一的基本技能项目（课题）做得较好，但对包含几种基本技能的复合项目（课题）却做得不好，有的甚至不知从何下手；二是，按照老师给定的工艺方法、工艺步骤去做能做得好，而对需独立思考去做的项目（课题）却不知道怎么做，不知用什么方法，按什么工艺步骤去做。究其原因，主要是学生缺乏工艺方法、工艺步骤的分析能力所致。因此，在实训教学中，指导教师要正确处理好基本技能与综合技能的关系，在掌握基本技能的前提下，重点培养学生的工艺分析能力，即重点加强培养学生的综合运用基本技能解决复杂问题的能力，最终达到提高学生的综合技能。如焊接实训中，对于学习"板对接焊"，可先通过不开坡口对接学习单道焊基本技能，再通过开坡口对接学会多层焊技能，最后运用单道焊技能和多层焊技能，重点学习"单面焊双面成形"这一焊接综合技能。单面焊双面成形技能不仅是职业资格考试中级及以上等级的必考技能，也是锅炉压力容器受压部件焊接的必备技能，还是各种焊接技能竞赛的必赛技能。

2. 差异性与整体性的关系

差异性是指学生个体差异化，主要包括个人能力水平上的差异和个体非智力因素上的差异。前者是指个人的才智和能力，包括学生的个人基础、理解接受能力、动手能力等。后者是指智力因素以外的一切心理因素，如学生的自信心、学习动机、求知欲望、成就感、自制力、意志品质、独立性等都是非智力因素的具体表现。这种差异具体表现在个人学习兴趣和学习习惯上的差异。

如果在实训教学中不考虑学生个体差异性，整体一致采用同一内容、同一进度、同一教学方法和同一考核方式进行教学，就会造成接受能力强、基础扎实的学生"吃不饱"，失去学习的兴趣；基础差的学生"吃不了"，产生厌学乃至放弃掉队，这样反而影响整个班级学生学习效果及学习质量。反之，若对每一个学生实行绝对差异教学，则是走向另外一个极端，不仅师资、设备、材料都成问题，而且管理、安全、时间调配难度也大增，事实上也是行不通的。因此，为了正确处理好差异性与整体性的关系，教学中可设置多级多元的学习目标体系，即把教学目标分为

及格、中等、良好和优秀四个不同水平层次的目标维度，根据全班学生能力素质进行分组，确定不同的目标等级。

3. 数量与质量的关系

数量与质量的关系是辩证统一的，在实训教学中，没有一定的训练量（数量），是达不到巩固知识、掌握技能目的的。反过来，如果过度追求数量不求质量，势必效率低下，事倍功半。在实训教学时，我们发现一些学生和教师在处理数量和质量的关系时出现偏差，片面强调量（数量）而忽视质（质量），一味追求练习数量，认为试件做得越多越好。其结果就是忙于应付试件数量，既没有足够的时间去分析回味每道工序合理与否，每个加工方法、工艺步骤正确与否，每个操作动作规范与否，也没有足够的时间去分析选用的参数是否适当等，反而会搞得筋疲力尽，注意力分散，降低效率，影响操作技能水平的提高，最终影响实训教学质量。

4. 两点与重点的关系

两点论与重点论是辩证统一的。两点是有重点的两点，重点是两点中的重点。重点以两点为前提，两点内在地包含着重点。根据两点和重点的关系，在实训教学中，既要全面统筹兼顾，又要善于抓住重点。

实训教学中，影响教学质量的因素很多，按照全面质量管理归纳为人、机、料、法、环五个要素。但在实训教学中，往往只重点关注"人"和"机"两个要素，"人"，如学生的文化基础、学生的学习积极性、学生的接受能力及指导教师的技能水平、教师敬业与责任心、教师教学方法等。"机"，即机器设备，如设备加工范围、加工精度、设备完好率等。而对"料"（如母材、焊材、教材资料、工艺规程及管理制度）、"法"（如教学方法、手段等）和"环"（实训环境、学习风气等）关注不够。这就违背了两点和重点的关系。事实上，从多年教学情况来看，由于重点关注了人和机，问题往往出在"料"、"法"、"环"方面，甚至成为影响教学质量与效果的决定性因素。因此，在实训教学中，要正确处理两点和重点的关系，应用和加强全面质量管理。

5. 理论与实践的关系

操作技能实训一般是在掌握一定的专业基础知识和有关的专业工艺知识后进行的，这是正规实训教学与传统的师傅带徒弟传授方式的根本区别所在。因此教学中教师要充分利用学生经过系统理论学习这一优势，用所学的理论知识去指导、分析操作技能方法的科学性，找出规律性，以获得最佳工艺规范（工艺参数、工艺方法等）和准确的操作规范（技能动作等）。但是在实训教学中，有不少学生有重技能、轻理论现象，认为技能是靠"练"出来的，不是靠"学"（理论）出来的，往往不重视教师的相关理论分析与指导，不重视相关理论知识的学习，这是没有正确理解理论与实践的关系所致。

以焊接操作为例，如果一个焊工不了解某一焊接方法特点、其设备使用方法、不了解熔焊结晶过程特点、没有一定焊接缺陷产生知识等，他是不可能掌握该方法高超技艺的，即使通过反复练习掌握了基本操作手法，也是难于提高其水平的，也很难自觉运用手上操作技艺获得优质质量的焊缝。况且，随着焊接设备的自动化、智能化及焊接机器人大量应用，对操作工人的理论要求（如数控编程等）只会也越来越高。又如以机加工为例，试想一个不懂六点定位原则、不知如何运用设计基准和加工基准来保证尺寸加工精度的钳工，能通过钳工加工方法来加工工件并保证质量是不可想象的。因此实训教学中，要正确处理好理论与实践的关系，切实注重理论对实践的指导作用。

第三节 课程考核与评价分析

课程考核是检查学生学业成绩的一项经常性工作，也是检验教师教学效果的一种重要方法。通过考核，教师可以及时掌握学生的学习状况，及时掌握自己的教学效果，做到心中有数，以便及时总结教学中的经验教训，及时采取相应的改进措施，达到教学的目的和要求，以提高教学质量。

课程考核的方式很多，有传统的考查、考试、答辩及现场测试等，还可实行平时考核与期末考试相结合，开卷与闭卷相结合，考试与考查相结合，笔试与口试（答辩）相结合，答辩和现场测试相结合，形成性考核与终结性考核相结合等考核方法。

一、考查

考查包括日常考查和总结性考查。考查课学校一般不会组织统一考试，由任课老师决定考查方式，常用的考查方式有口头提问、检查书面作业、书面测试和实践性作业等。口头提问（主要是课堂提问）、书面作业检查（定期检查作业完成情况）、书面测验（一章或一个课题完后定期开卷测试）属于日常考查；实践性作业则属于总结性考查，包括撰写小论文，做PPT，写心得体会、总结报告、社会调查报告、实训报告等。考查多为辅助课程或选修课，还有一些课时较少的专业选修课，也包括受考试课数量限制的一些课程（一般考试课程每学期安排4～5门），考查成绩一般以等级制登记。

二、考试

考试一般针对主要课程，成绩一般以百分制登记。考试的方法有笔试、口试、面试、答辩和操作技能考试等，以闭卷笔试居多，教师可根据专业特点、教学内容和考核具体要求灵活运用合适的方式。

考试的关键是出好考试的题目，命题的原则是难易适度、题量恰当。具体来说，基础知识（基本理论和基本技能）考题一般占题量的70%左右，考核知识综合运用能力的题目占总量的30%左右，这类题目要尽量结合专业生产实际，体现职业教育特点。题量恰当，就是要保证绝大多数学生在规定的时间里能完成试卷，并留有一定的思考问题时间。

三、过程性考核和终结性考核

终结性考核也称结果考核，又称目标考核，即只看"结果（如期末考试、项目作品、成果等）"的考核方法，考核成绩与学习过程无关。如果仅仅只采取终结性考核，这就会导致部分学生平时学习不认真，考试时临时"突击"，造成知识与技能掌握不牢，此外教师也很难得到教学的真实反馈，看到的往往是分数的"假象"。

形成性考核也称过程性考核，就是对学生学习过程的评价与考试，即根据课程标准，按照一定的程序和方法，对学生课程学习过程的状况进行考核和评价，并将其作为评定学生课程学业成绩依据，过程性考核能真实反映学生学习过程的状况。实践证明，职业教育采用过程性考核与终结性考核（也称结果考核）相结合是一种较理想的考核方法。

过程性考核可采用专业教师、现场（企业）专家、学生考核评价（自评、互评）相结合，多主体、按比例进行综合评价。它包括知识（基础理论、相关课程知识等）、技能（技能要领、工艺过程等）和职业素养（课堂纪律、团结协作、安全文明、吃苦耐劳等）三方面。终结性考核通常以闭卷笔试方式进行，但职业教育中也常采用考核完成项目的成果或作品或实习报告。一般专业理论课程，过程性考核成绩（平时成绩）占课程考核总成绩的30%～40%，终结性考核成绩占课程考核总成绩的60%为宜。实践性课程、理实一体化课程，不一定非得将过程性考核与结果考核分开单独进行，常把它们结合一起考核更方便，只要保持过程考核内容占课程考核总评成绩的50%～60%，结果考核成绩占课程考核总成绩的40%～50%就行了。表3-7为数控技术专业《数控加工工艺编制与实施》课程考核评价表的一种形式。表3-8为数控技术专业《加工中心加工零件》课程考核评价表的另一种形式。表3-9为机械类专业《专业顶岗实习》课程考核评价表示例。

表 3-7 "数控加工工艺编制与实施"课程考核评价表

课程名称		班级		姓名	
评价项目		配分(%)		得分	
一、成果评价(70%)					
工艺过程合理性		10			
工艺文件规范性		10			
数控程序正确性		10			
刀具选用正确性		10			
切削用量选用正确性		10			
产品质量符合要求(几何尺寸、形位公差、粗糙度等)		20			
二、自我评价(10%)					
学习目的明确		2			
独立寻求解决问题的途径		2			
工作方法正确性		2			
团队合作氛围		2			
个人在团队中的作用		2			
三、教师评价(20%)					
工作态度是否正确		4			
工作量是否饱满		2			
工作难度是否合适		2			
安全文明意识		4			
工具使用能力		4			
自主学习能力		4			
总得分					

表 3-8 "加工中心加工零件"课程考核评价表

学习单元			××加工		组号				
班级、姓名					日期				
考核项目	考核内容	配分	评分标准			学生自评	学生互评	教师评价	得分
						30%	30%	40%	
知识目标	分析零件图样	5	能正确分析零件图(5分)						
			能基本正确分析零件图(3分)						
			能部分正确分析零件图(2分)						

续表

考核项目	考核内容	配分	评分标准	学生自评 30%	学生互评 30%	教师评价 40%	得分
知识目标	确定装夹刀具量具铣削用量	10	能正确确定装夹刀具量具铣削用量(10分)				
			能基本正确确定装夹刀具量具铣削用量(6分)				
			能部分正确确定装夹刀具量具铣削用量(4分)				
	制定加工工艺填写工序卡	5	能正确制定加工工艺并填写压板零件的加工工艺(5分)				
			能基本正确制定加工工艺并填写压板零件的加工工艺(3分)				
			能部分正确制定加工工艺并填写压板零件的加工工艺(2分)				
	编写零件加工程序	10	能正确编写零件加工程序(10分)				
			能基本正确编写零件加工程序(6分)				
			能部分正确编写零件加工程序(4分)				
能力目标	固定钳口的找正	5	固定钳口的找正完全正确(5分)				
			固定钳口的找正基本正确(3分)				
			固定钳口的找正部分正确(2分)				
	装夹工件对刀找中心	5	装夹工件对刀找中心完全正确(5分)				
			装夹工件对刀找中心基本正确(3分)				
			装夹工件对刀找中心部分正确(2分)				
	毛坯铣削	5	毛坯铣削工艺完全正确(5分)				
			毛坯铣削工艺基本正确(3分)				
			毛坯铣削工艺部分正确(2分)				
	刀具的安装与对刀	5	刀具的安装与对刀完全正确(5分)				
			刀具的安装与对刀基本正确(3分)				
			刀具的安装与对刀部分正确(2分)				
	工量具及设备使用	10	工、量具及设备使用符合规范(10分)				
			工、量具及设备使用基本符合规范(6分)				
			工、量具及设备使用部分符合规范(4分)				
	工件质量检验	10	零件的加工质量符合图样要求(10分)				
			零件的加工质量基本符合图样要求(9分)				
			零件的加工质量本分符合图样要求(6分)				

考核项目	考核内容	配分	评分标准	学生自评 30%	学生互评 30%	教师评价 40%	得分
素质目标	职业道德	10	着装整齐、遵守纪律、服从管理(10分)				
			基本能做到着装整齐、遵守纪律、服从管理(6分)				
			不服从管理(0分)				
	职业规范	10	安全文明生产,零件、工具、量具摆放符合规范(10分)				
			安全文明生产,零件、工具、量具摆放基本符合规范(6分)				
			违反操作规程,造成人员或设备事故(0分)				
	团队合作	10	小组合作顺利、组间交流融洽(10分)				
			小组合作基本顺利、组间能够交流融洽(6分)				
			小组合作不顺利、组间不能交流(4分)				
总 分		100	得分				
教师评价与建议							

表 3-9　机械类专业"专业顶岗实习"课程考核评价表

课程		班级		姓名		
序号	考核项目	考核内容		评价内容与标准		得分
1	实习总结报告	总结报告内容与书写质量(占40%)		内容完整、正确,80%;书写及文字表达,20%		
2	实习态度与纪律(主要由实习企业指导老师考核)	实习态度与纪律(占30%)		态度(规范意识、团队合作、工作热情、进取心等),50%;纪律(遵纪、守时、安全等)50%		
3	技术资料收集与整理,解决问题的能力	技术资料收集、整理,运用所学知识解决实际工程问题的能力(占30%)		收集、整理技术资料,60%;解决问题情况(如工艺改进、合理化建议等),40%		
4		总 分				

第四章

基于行动导向的教学法概述

　　教学方法是教师和学生为了实现共同的教学目标，完成共同的教学任务，在教学过程中运用的方式与手段的总称。职业教育的教学方法主要有注入式教学法、启发式教学法和行动导向教学法等，如图 4-1 所示。

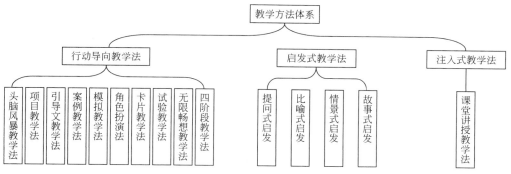

图 4-1　职业教育的教学方法

　　注入式教学法，也称课堂讲授教学法，就是教师通过言语的方式，按照教学计划的要求把自己的知识单向地灌注给学生，学生没有充分独立思考的机会，被动地接受知识和记忆知识。该法不利于激发学生学习的主动性和积极性。

　　启发式教学法，就是根据教学目的、内容、学生的知识水平和知识规律，运用各种教学手段，采用启发诱导方法传授知识、培养能力，使学生积极主动地学习，以促进学生身心发展。

　　基于行动导向的教学法，也称行动导向教学法，是基于以人为本、因人施教，通过以学生为主体，让学生积极主动地参与学习并进行体验性的学习，以实现学生的职业能力的培养和学生综合素质的全面发展。

　　行动导向教学法不是指某一种具体的教学方法，而是一种基于行动理论基础上的宏观教学方法体系或统称，甚至也可理解为一种教学理念。它包括头脑风暴教学法、项目教学法、引导文教学法、案例教学法、模拟教学法、角色扮演法、卡片教学法、试验教学法、无限畅想教学法和四阶段教学法等具体的教学方法。

注入式教学法和启发式教学法，在各类教育中用得较多，广为人知。而行动导向教学法来源于德国，近年来，在我国得到推广和发展，实践证明更适合于职业教育教学。

第一节 行动导向教学及特点

行动导向又称为实践导向或行为引导，是 20 世纪 80 年代以来世界职业教育教学论中出现的一种新的思潮。由于行动导向教学在培养人的全面素质和综合能力方面起着十分重要和有效的作用，所以日益被世界各国职业教育界与劳动界的专家所推崇。

行动导向教学是一种以职业活动为导向，以能力为本位的培养学生职业能力的教学方法体系。在教学过程中，教师引导、指导学生自主地、主动地进行探索式或研究性学习，以形成具有专业能力、方法能力和社会能力的职业能力（也称综合职业能力），使受教育者既能适应相应职业岗位的要求，又能将这种构建知识的能力运用于其他职业，进而达到学以致用效果的教学方法。

一、行动导向教学法的特点

行动导向教学遵循了教学的认知规律，体现了现代职业教育的特征，主要具有以下特点：

1. 强调学生学习主体性，注重学习主动性

行动导向教学强调学生学习的主体性，教学重在学生的学，而不是教师的教。在教学中教师只是学生学习的指导者、组织者、引导者、咨询者和教学的主持人，学生才是真正的学习主体。

教学中，教师要设计和为学生准备合理的、学生感兴趣的教学情境，营造真实的学习环境，这样使学习活动中最积极的心理因素得到发挥，就能提高学生参与学习的主动性与积极性，从而提高学习能力和独立获取知识和运用知识的能力，这对学生综合职业素质的全面发展起着重要的作用。

2. 强调教学过程互动，注重学习行动的合作性

互动是指教学过程中教师与学生之间相互交流的活动方式与途径。行动导向教学法的互动性是指在教学过程中师生活动方式的交互性，在教学中不仅有教师向学生传授知识的活动，而且还有学生与教师、学生与学生、教师与教师之间的交互学习的过程。

行动导向教学中，学习问题由学生共同承担不同的角色、共同讨论、共同参与完成，从而有利于培养学生与人合作共事的能力，即学习行动的合作性。在互相合作的过程中，学会知识与技能，形成良好的职业素养。

3. 强调全面学习，注重教学过程的完整性

行动导向教学强调全面学习，注重教学过程的完整性。传统学科体系的教学强调知识的系统性和完整性，只注重获取知识的结果，而忽略获取知识的学习过程；而行动导向教学追求的教学过程与工作过程相结合，通过完整的教学过程（也是真实的工作过程），学生独立制定工作计划，做出决定，独立完成工作内容及控制质量等，从而培养其独立解决问题的能力和方法，真正学到实用的知识和技能。

4. 强调过程考核，注重教学评价的多元性

行动导向教学中，考核不仅是学习结果，而且还有学习过程。考核不再只是能记住多少知识，而是多大程度上能够帮助学生改进自身的学习方法，掌握多少专业能力、方法能力和社会能力。教学评价是多元的，不仅有学校教师评价，也有企业指导老师评价，同时还有学生自评和互评。

5. 强调学习过程的探究性，注重教学过程的体验性

行动导向教学法不仅重视学生从教师的传授中获取知识与技能，而且更注重在学习过程中让学生在教师的引导下通过自身的探索，创造性地获取知识与技能并提高自己的学习能力，这就是学习过程的探究性和体验性。行动导向教学法改传统教学学生完全处于被动接受学习的状态为积极主动地去探索、研究、体验和发现式的学习，极大地提高了学生学习的积极性和主动性。

二、行动导向教学法与其他教学法的区别

行动导向教学法与传统的教学方法相比较，存在着如下差别：

1. 教学形式不同

在传统的教学方法中，教师讲、学生听是教学的重要形式。整个教学过程是围绕教师展开的，教师多半是站在讲台前完成自己的教学任务的。这种以教师为中心的授课方式，客观上限制了学生潜能的充分发挥。

在行动导向教学中，学生是学习的主体，教学是以学生的活动为主，整个教学过程是围绕着学生展开的，教师的大部分时间是站在学生中间，起指导者、组织者、引导者、咨询者和主持人作用。

2. 学习内容不同

传统的教学方法以传授间接经验为主，教师讲授的主要内容是前人已经总结出来的间接经验；学生偶尔也通过实验或者实践活动获得直接经验，但这些直接经验的获得多半是为了验证这部分间接经验的正确性和加深对这部分间接经验的理解。

在行动导向教学中，教师也讲授前人的间接经验，但并不是以间接经验为主，在某种程度上更偏重于获得更多的直接经验。学生在教师的帮助和指导下，通过自己的探索活动获得直接经验。学生既通过记忆方式掌握间接经验，又通过手脑结合的"活动或行动"获得直接经验，能大大地提高了学习效率。

3. 教育目标不同

传统的教育方法过于注重认知目标的实现，忽视素质目标和行动目标，强调学生通过感觉、知觉、思维、想象、注意和记忆等方式进行学习，具体体现在个别学生身上，往往更注重记忆的方式，乃至于形成了所谓的上课记笔记、下课整理笔记，一个阶段之后复习笔记，临考之前背诵笔记，考试之中默写笔记，考完之后忘记笔记的奇怪现象。

在行动导向教学中，实现认知目标固然重要，但不是唯一的目标。它更重视整个教育目标包括认知目标、素质目标和行动目标的共同实现，这样才有利于学生综合素质的提高。

4. 教师作用不同

在传统的教学方法中，教师的作用主要体现在授课过程中，每个教师通过其形象、生动、逻辑的语言，将他所掌握的知识源源不断地传给学生。当然，教师也回答学生提出的问题，但从总体上来说，教师主要承担的是知识的传授者的角色。

在行动导向教学中，教师不仅仅是一个知识的传授者，但更多的是学生行动的指导者、学生问题的咨询者或教学组织的主持人，教学过程中教师随时给予具体的帮助和指导。

5. 传递方式不同

在传统的教学方式中，习惯于教师讲和学生听，信息传递过程往往是单向的。教师在台前授课，但下面听课的学生是听还是没有听，是认真地听，还是不认真地听，效果如何教师往往很难判断。单向的没有反馈的信息传递，往往不是有效的信息传递。

在行动导向教学中，信息传递的方式是多向的。教师主要讲课和指导，学生主要听课和活动，教师可根据学生活动的成功与否判断其接受教师信息量的多少。这样教师就能根据学生接受信息的反馈，采取相应措施（如调整教学节奏、个别辅导等），让学生都能获得完成工作任务所需的信息。此外学生采用小组合作学习方式，还有学生之间的信息传递。实践证明，只有多向传递信息，并不断得到信息的反馈，才是真正有效的信息传递。

6. 参与程度不同

在传统的教学方法中，学生参与的程度与其自觉、努力的程度成正比。枯燥乏味的听、记、背、默，常常使一些学生逐步失去学习兴趣，容易使他们从一开始的我要学逐步衰变成为以后的要我学，是家长、教师和社会要他学。

在行动导向教学中，学生的参与程度大大提高，这不仅表现在教师的教学过程中，借助于媒体，如视频、动画或虚拟仿真等，使教学内容更加活泼生动，更主要表现在学生必须独立地完成一项又一项的工作任务，完成任务的上进心和成就感，提高了学生对学习的兴趣，往往变成了学生我要学。

7. 激励手段不同

在传统的教学方法中，以分数为主要的激励手段，这是一种外在的激励手段。外因是变化的条件，所以外在的激励只能维持一阵子，它不可能持久，这就是很多职业学校学生高呼及格万岁的原因。

在行动导向教学中，激励的手段完全是内在的，是学生在完成一项工作之后发自内心的喜悦，是学生从不会到会的一种心理享受。当一个人从不会做一件事到经过努力之后会做一件事，犹如从不会开车到获得驾照并能熟练驾驶时，这时的心情是无法用语言来表达的。这种成功后的喜悦将激励人们去探究下一项工作。

8. 考核方式不同

在传统的教学方法中，考核多为单一的，绝大多数的考核都归结为考试，而且还主要是笔试。这种考试方式，对于考核学生知识掌握的程度是十分有效的，但对于培养学生职业能力的职业教育教学的考核是不全面的，很难真实反映学生学习情况及教学效果。

在行动导向教学中，考核是多方面的，是综合的。不仅有常见的教室笔试、口试，而且还有行动现场的现场考核。不仅要考核所学知识，而且还要考核学习态度、团队协作合作精神。不仅要考核学习结果，而且还要考核学习过程。

第二节　行动导向教学的基本环节

在行动导向教学中，学生是学习的主体，学习的行动者，而教师则是学习行动的组织者、引导者、咨询者、主持人，也可理解为导演、教练或咨询顾问。行动导向教学方法的基本原则是，以"行动"为导向，通过"行动过程"而学习。教学过程中，以职业行动的工作过程为导向，按照"资讯、计划、决策、实施、检查和评估"这六个完整的行动环节进行教学，通过手脑并用，使学生自主学习、合作学习。这样，学生通过学会知识、学会技能获得了相应的专业能力，学生通过学会学习、学会工作获得了一定的方法能力，学生通过学会交流、学会合作获得了一定的社会能力，使学生的职业能力得到有效提高和进一步发展。行动导向教学完整的教学环节如图 4-2 所示。

图 4-2　行动导向教学完整的教学环节

1. 资讯

资讯就是收集获取信息，即学生根据教师布置的项目或任务独立收集所要解决问题的信息。在资讯过程中，教师应结合自己的资源和经验，为学生提供相关资料的搜索途径及必要的获取方法指导，学生对获取的信息进行归类整理、逐步消化、寻找答案。获取信息的途径有图书馆查阅，现场（企业、实训室等）参观调研，网络（专业网站、课程网站等）搜寻，阅读教材、教学参考书等。

2. 计划与决策

在行动导向教学中，为便于具体操作，常把计划与决策合为一步。学生以小组为单位，根据收集的信息进行讨论，独立制定出工作计划。学生与教师研究讨论所拟订的工作计划、讨论工作计划的可行性（如解决问题的方法和途径是否可行、所选择的设备是否合适、需要哪些工具量具、采用何种检测手段及时间安排等），并预测可能达到的效果，最终作出科学、正确的决策，以便加以实施。

3. 实施

计划一经决策，就必须按其实施。实施以学生小组为单位，以团队合作形式独立承担完成。在实施过程中，根据实施情况，还可对实施方案进行适当修订，对实施进度进行适当调整。在这个阶段，学生通过把已学过的知识与技能运用到项目或任务实施中，不仅获得了新的知识与技能，而且还获得了处理问题的经验，提高了分析问题、解决问题的能力。

4. 检查

工作任务完成后，应进行检查。实行"三检"制，即先由学生对自己的工作过程和最终"产品"结果进行自检和互检，再由教师进行检查指导。

5. 评估

评估就是根据检查结果进行全面总结评价，既有学生小组自评，又有学生小组间互评，还有教师评价总结，最后得出一个较为客观的结论。评估既要肯定成绩、总结经验，又要指出缺点与不足，更要对成果及行为过程认真反思，以便下一次做得更好。

评价应包括终结性评价和过程评价。终结性评价，即对最终"产品"质量进行评价；过程评价，即对整个实施过程进行评价，包括实施过程中的"产品"质量评价和过程工作质量的评价，如过程实施计划、进度、团队合作等方面。

需要注意的是，上述六个环节为行动导向教学的基本环节，由于行动导向教学的各个具体方法不同，其教学过程或步骤也与之不完全一致，但都包含其各环节的基本内容。

第三节　行动导向教学的理论基础

行动导向教学的理论基础包括建构主义的教育理论、杜威的实用主义教育理论、情境学习教育理论、劳动过程导向论和黄炎培职业教育思想等。

1. 建构主义的教育理论

建构主义的教育理论认为：教学不是由教师把知识简单地传递给学生，而是由学生自己建构知识的过程。学生不是简单被动地接收信息，而是主动地根据自己的经验背景，对外部信息进行主动地选择、加工和处理建构而成；教学应从问题开始而不是从结论开始，让学生在问题解决中进行学习，提倡学中做与做中学，而不是知识的套用，强调以任务为驱动并注意任务的整体性；教学过程中学生是主体，是教学活动的积极参与者和知识的积极建构者。教师是主导，是学生学习的高级伙伴或合作者。

行动导向教学，实质上就是一种基于建构主义学习理论的探究性学习模式。它与建构主义学习理论均强调活动建构性，强调应在合作中学习，在不断解决疑难问题中完成对知识的意义建构。

2. 杜威的实用主义教育理论

杜威针对"以课堂为中心，以教科书为中心，以教师为中心"的传统教育，提出实用主义教育理论，他主张"职业活动中心论"和"做中学"理念，从实践中培养学生的能力。他认为职业教育课程内容应广泛，为个体适应灵活多变的职业生涯做准备；他主张职业教育课程要以职业主题为轴心，用职业来吸纳和整合课程。

行动导向教学是以真实的或模拟的职业工作任务为基点，采取"做中学"的方式，通过完成工作任务来获得知识与技能，它的特征与杜威的实用主义教育理论是一致的。

3. 情境学习教育理论

人类学传统的情境教育理论的代表人物莱夫认为："学习是情境性活动，没有一种活动不是情境性的"，"学习是整体的不可分的社会实践，是现实世界创造性社会实践活动中完整的一部分"，"学习是实践共同体中合法的边缘性参与"，"合法的边缘性参与的目的是试图以一种新的视野来审视学习"。他认为学习者不可避免地参与到实践共同体中去，学习者将沿着旁观者、参与者到成熟实践的示范者的轨迹前进——即从合法的边缘性参与者逐步到共同体中的核心成员，从新手逐步到专家。该理论强调学习者在实践共同体中，通过合法的边缘性参与获得相应的知识、技能和态度。

行动导向教学是让学生在真实的或模拟的工作中通过多元方式参与工作过程，完成典型的工作任务，并在完成任务的过程中，在与教师、同伴的相互作用的过程中，获得相应的知识、技能和态度，逐步从新手成长为专家，这与人类学传统的情境教育理论是一致的。

4. 劳动过程导向论

德国不来梅大学技术与教育研究所的劳耐尔教授提出的劳动过程导向论认为，工作过程是"在企业里为完成一项工作任务并获得工作成果而进行的一个完整的工作程序"。工作过程的意义在于，"一个职业之所以能够成为一个职业，是因为它具有特殊的工作过程，即在工作的方式、内容、方法、组织以及工具的历史发展方面有它自身的独到之处"。工作过程导向的目的在于克服学科体系结构化内容的学习而有利于与工作过程相关内容的学习。"工作过程知识"是工作过程中需要的、是在工作过程中获得的。

行动导向教学强调以行动为导向，通过完成行动全过程来达到学习目的的，这与劳动过程导向论"工作过程知识"常常是在工作过程中获得的是一致的。

5.黄炎培职业教育思想

具有代表性的中国职业教育家黄炎培的职业教育思想，主要体现在三个方面，一是因地制宜、因材施教；二是与社会结合，提出职业教育的终极目标是"为个人服务社会之准备，为国家及世界增进生产力之准备"；三是强调实践的重要性，主张"双手万能，手脑并用"，"做学合一"。由此可见，行动导向教学强调通过完成行动全过程来学习、学做一体与黄炎培的职业教育思想是一致的。

第四节 行动导向教学的条件准备

行动导向教学的条件准备包括硬件条件的准备和软件条件的准备。具体来说，主要包括一体化专业教室、一体化专业实验室、各类应用软件、双师型教师及其教师的现代教育技术应用能力，此外还包括教风、学风、教学气氛、学生与学生及教师与学生的关系等方面。其中一体化专业教室、一体化专业实验室、双师型教师、教材等是行动导向教学的必备条件。

一、理实一体化专业教室和专业实验室

实施行动导向教学的最基本条件就是要建立多功能的理实一体化专业教室。理实一体化教室既可以上理论课，又能进行操作实训，还能进行讨论交流等。理实一体化教室没有一个固定模式，一般由以下几部分组成：理论教学区、讨论区、实践操作区、资料文件区和教师办工区。理论教学区可按传统教室装备，包括课桌、讲台黑板、多媒体设施等，是教师在资讯环节进行必要理论集中讲授的场所，其他环节如有必要也可随时在此辅导；讨论区是学生在资讯、决策、计划、评估等环节进行分析问题、讨论的场所；实践操作区是任务或项目实施和"产品"检查的场所，按照企业真实生产情境布置，配有操作设备、工具量具检具等；资料文件区，提供师生学习的相关文件和资料；教师办工区是教师日常工作的办公场所。条件允许还可以有洗涮、更衣区。也有的把理论教学区和讨论区合为一体。讨论区为便于师生、生生交流，可把其座位布置为小组讨论的圆周形和大组交流的U形，分别如图4-3、图4-4所示。

另外，也可建立理实一体化专业实验室，使其由原来单一验证功能的传统实验室转变为构建实训的多功能一体化实验室。同样理实一体化专业实验室也要充分体

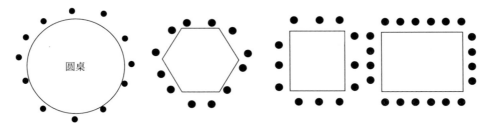

图 4-3　圆周形排列

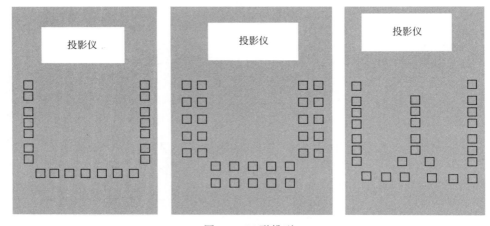

图 4-4　U 形排列

现其职业特征，让学生在真实或近似真实的职业环境中接受综合职业能力的学习与培养。

二、具有先进教育理念的"双师""双研"型教师

建设一支数量充足、结构合理的、具有先进的教育理念的"双师""双研"型教师是行动导向教学的重要条件。所谓"双师"型教师是指具有讲师（或以上）教师职称，又具有本专业实际工作的中级（或以上）技术职称（含行业特许的资格证书、专业技能职业资格或专业技能考评员资格）的专任教师。"双研"就是教研和科研，所谓"双研"型教师就是既具备教学研究能力又具备科研能力的教师。

高职教育由于其职业性，要求专业教师不仅要有较高的专业理论知识，而且还要有丰富的实践经验和熟练的操作技能；同时还要求教师具有先进教育理念，具备把行业、职业知识、实践经验及教研科研成果融合于教育教学过程的能力。即能根据市场调查、市场分析、行业分析、职业及职业岗位群分析，调整和改进培养目

标、教学内容、教学方法、教学手段，并具备专业开发和改造能力。

作为行动导向教学的教师，必须把握好自己角色定位，因为行动导向教学的教师已经从传统教学的主宰，变为课堂教学的主持人；变为学生自主学习、合作学习的引导人和促进者；变为学生探索知识、发展认知能力的合作者；变为学生学习资源获取的提供者和帮助者以及学生构建知识结构的咨询者。这就要求教师必须是一个拥有先进教育理念的教育者，一个具备可持续发展能力的学习者，一个具有课程开发能力的教学内容组织者，一个在实践中不断自我反思、自我建构的研究者。

加强"双师"、"双研"型教师队伍建设，可实行"企业导师"、"双研导师"及"双导师"制。

（1）为了弥补教师工程实践经历、经验缺乏及跟上企业技术发展状况，每个专业与一二家在行业有影响力的有代表性的企业紧密合作，在其设立"专业教师企业流动工作站"，站内聘任经验丰富的工程师或技师为"企业导师"，教师定期在此学习、工作，跟"企业导师"做设计、做工艺，使教师真正深入企业，学会和提高工程技术应用能力，同时跟踪企业新技术新工艺。避免参观式、访问式的"轰轰烈烈"的教师假期下企业锻炼活动。

（2）为了吸引企业优秀工程技术人才、技能大师来校做兼职教师，可出台相关政策在学校设立"工程专家与技能大师工作室"，让企业工程专家、高技能人才定期来校传授企业最新的核心技术与技能。对企业兼职教师定期需进行教育心理学、教学规律、教学方法等方面学习与培训，提高其教学教研能力，并鼓励其获得教师资格证。

（3）对于来自企业工程技术人员的教师，可配备"双研（教研、科研）导师"，加快其岗位转型。对于高校毕业直接进入学校的既无企业经历又缺乏教学经验的年轻教师，实行"双导师制"（企业导师＋学校导师）培养等，使他们尽快成为"双师"、"双研"教师。

（4）开展教师教学能力达标测试，人人过关达标。开展教师教学能力达标测试，即通过说课方式（如怎样上一门课）进行教师教学能力测试，做到人人过关，以提高教师教学能力。

三、符合行动导向教学的教材

教材是体现教学内容和教学方法的知识载体，是知识传授活动中的主要信息媒介。教材可以说是实施行动导向教学过程中，碰到的最大困难，或者说最不容易解决的问题就是教材问题。

1. 目前高职教材建设存在的问题

（1）我国高职教育起步较晚，课程体系基本上是沿用本科专业的课程体系，教材基本上也是由相应的本科教材经过适当删减而成。随着高职教育的快速发展，人们也意识到这种学科式课程教材与职业教育培养目标不相适应的问题，并作了一些教材建设方面的改革，但多是内容增减变化，虽然也有一些"模块式"教材出现，但多数仍未脱离学科结构，仍未得到根本性改变。而高等职业教育培养的是技术技能型人才，是以培养学生职业能力为核心的，其课程应针对职业岗位或岗位群而定，教材应与职业岗位要求相符，应与国家职业标准接轨。

（2）教材内容未充分体现出应用性和实用性，教材内容较为陈旧、与职业缺乏衔接，教材内容落后于企业生产实际，未能反映企业生产现状，与生产实际技术脱节。大多教材仍以理论知识为主，实践大多是一些传统的项目，缺乏科学性、先进性，仍被作为理论的应用和验证而置于次要地位。尽管通过改革，增加了知识在生产一线的应用实例，增加了实践教学的内容，但并未"颠覆"传统教材结构与模式，并没有从根本上解决理论和实践的整合问题。

（3）教材研究与开发落后于职教理论研究。我国对职业教育研究多在理论层面上，对其与具体问题的结合还处在探索、总结阶段，先进的教学理念、教学方法大多未与具体课程建设相结合，致使教材特别是实践教材和理论实践一体化教材研究与开发落后于理论研究。

（4）传统教材，其最大的特点是为教师而写的，无论在体例、内容、编排上，甚至在叙述方式上都首先从教师的角度去考虑，从学科自身的特点去考虑，从知识的系统角度去考虑，这些无疑是重要的和不可或缺的，但最重要的一点被忽略了，即没有或者很少从学生的角度去思考，忽略了学生是学习的主体，教材是写给学生看的这一情况。

因此，我们在编写教材的过程中，要借鉴国外（如德国）相关教材的编写经验，考虑职业教育教学的特点，尽可能地从学生的角度出发，根据职业岗位必需的知识、技能和素养，以必须、够用为原则，注重学生职业能力培养。

2.《焊接方法与工艺》行动导向教材开发实践

（1）行动导向教材开发思路

教材开发的基本思路是：以典型职业岗位要求和国家职业技能标准为依据，确定培养目标的知识点和技能点；以模块方式为教材结构，以焊接工艺实施过程（行动）为导向，以工作任务为载体，将围绕工作任务的基本知识、工艺知识、专业知识和实践知识整合成基本任务单元；通过完成一个个基本任务单元来完成教学目标。

（2）行动导向焊接教材开发实践

根据项目课程教材开发的基本思路，在编写《焊接方法与工艺》教材时，将每种焊接方法设为一个模块，每个模块又由多个工作任务（行动项目）单元组成，每个工作任务单元根据其相关性原则，包括实践、理论、职业素养等内容，并建立相对完整系统。每个工作任务单元由提出工作任务（包括焊接图等）、工作任务分析、相关知识、任务实施、操作提示、知识链接、技术指导及任务测评八个环节组成。

环节一，提出任务，就是通过给出待实施任务的焊接图，模拟再现生产过程的真实要求，交代具体任务。

环节二，任务分析，就是围绕具体焊接加工的技术要求、加工内容、工艺特点、加工步骤展开必要的分析讨论，引导和培养学生养成从读图、分析技术要求到自行拟定具体的加工方案，再付诸实施的工作习惯。

环节三，相关知识，就是针对本具体焊接任务初次涉及的专业知识、检测方法、工装夹具等内容，采用图文并茂的形式进行详细介绍。

环节四，任务实施，就是对具体焊接任务进行实施，详细介绍工艺过程，包括设备选用、参数确定、加工步骤等，目的是启发引导学生展开操作练习。

环节五，操作提示，就是针对知识难点、操作要点、易出现的问题、操作时应注意的事项等及时进行提示，使学生在实施过程中引起足够重视。

环节六，知识链接，对与本焊接任务相关、相近的一些知识进行补充介绍，以拓展知识面、开阔眼界，增加对所学知识进行迁移和综合的能力。

环节七，技术指导，就是针对任务实施过程中易出现的技术问题，以一问一答的形式介绍，化解教学中的难点、突出教学重点，培养独立分析和处理问题能力。

环节八，任务测评，就是列出详细、具体的测评内容和测评标准，及时对学生的实践活动进行有效评估或学生自我评价，便于学生自己去发现和探究工艺实施过程中存在的问题，促进学生学习兴趣。

学生在焊接工作任务的驱动下，通过这八个环节，把"工"与"学"有机结合起来，达到了做中学、学中做的目的。

（3）项目课程行动导向教材开发应注意的问题

项目课程教材编写的关键是科学设计工作任务，我们认为设计工作任务应注意以下几个问题：

① 任务应全面和具体。任务直接影响教学效果，因此任务应涵盖典型职业岗位及国家职业标准相关知识点和技能点。教师在设计工作任务时，要把学习总体目标细分成一个个的小目标，并把一个个的小目标贯穿到一个个容易掌握的"任务"

中，通过完成这些小的"任务"来达到总体学习目标。任务应选自于职业岗位的具体工作内容，如零件、产品、设备、工艺、案例等。

② 任务要循序渐进。任务设计时，要考虑任务的大小、知识点和技能点的含量、前后的联系等多方面的因素，使之安排遵循学生的认知规律和专业技能形成的规律，由简单到复杂，由低级到高级，由局部到整体，由单项到综合。

③ 任务要体现先进性。任务要反映行业发展的最新趋势，让学生通过参与具体的工作任务学习到新技术、新标准、新工艺。

此外，良好教风、学风，生动活泼的课堂教学气氛，民主、平等、融洽的学生与学生及教师与学生的关系，也是实施导向教学的重要条件。

第五节 行动导向教学的操作技术

所谓教学操作技术就是隐含在教学方法中的组成教学方法的基本元素，但它不构成独立的教学方法。实践证明，教学中教师若巧妙地运用各种教学操作技术，如恰到好处的提问，百思不得其解时的一个启发等，对提高教学效果都会起到促进作用。常用的教学操作技术有演讲技术、提问技术、启发技术以及引导和调控技术等。

一、演讲技术

演讲技术是实施行动导向教学的一项重要的基本教学操作技术。这是因为，教师作为教学过程的主持人、组织者要给学生传输知识、阐述问题、向学生提问、即兴讲评和教学引导等，就必须具备良好的演讲技术；行动导向教学中，学生是主体，是教学活动的中心，学生要上台讲解方案、展示学习成果以及总结评价等，也需要一定的演讲技术。演讲时要注意做到以下几点：

1. 消除紧张怯场心理

紧张怯场是演讲的最大"敌人"，下面是消除心理紧张怯场的几个有效的方法：

（1）演讲前做好充分的准备。很多演讲者怯场，是因为他们准备工作不充分。所以演讲前一定要做好充分的设备准备、内容准备及心理准备。

（2）手拿卡片等小物件。演讲者紧张时往往不知所措，手不知放哪？若手拿一支笔或一张小卡片，你就不会感到手没处放，就会觉得不那么紧张。

（3）用手扶一下讲台或身体轻倚在讲台一侧，但绝不能靠在讲台上。

（4）正式演讲前试读一段小文章，平静一下心理。

（5）做一下深呼吸，深吸一口气排出。

2. 注意表情、保持目光交流

演讲时，要面带微笑，通过环视一下听众，进行目光交流，让目光照顾到每一位听众，这样就拉近了演讲者与听众的感情交流距离。同时，通过目光交流了解学生反应情况，以控制演讲速度、调整策略，提高演讲效果。

3. 良好的体态语言和语言技巧

演讲时，站立姿势端正大方，手势起落有度，有目的地来回走动、快慢停留得当。让学生感觉到老师在关注他，可以使学生减少分心，提高注意力。要充分发挥语言技巧，利用语音、语调、语速，做到抑扬顿挫、清晰流畅，以提高演讲效果，注意切不能把演讲变为讲稿背诵。

4. 使用提示卡

演讲时，建议把演讲内容用提纲形式写在卡片上，对提纲的关键提示内容进行重点描述，其他相关内容可适当自由发挥，以保证演讲不离题又能充分发挥你的演讲水平。使用提示卡还有一个好处就是便于演讲者控制把握演讲节奏。

二、提问技术

提问是教学中教师为促进学习而向学生抛出问题解决的任务并期望学生积极反应并作答的一种教学操作技术。通过提问，可了解学生对知识的掌握程度，促进教师与学生相互交流，实现教与学双边信息反馈与强化。在行动导向教学过程中，教师适时提问，掌握提问操作技术，对提高教学效果具有重要作用。

教学中的提问可分为检查知识提问与分析提问（也称创造性提问）两大类。检查提问比较简单，有现成答案，主要是检查学生对基本原理、基本概念等知识的记忆、理解程度。如什么是冲压？什么是落料？金属气割的条件是什么？等等。分析提问没有现成答案，需要学生通过自己分析思考才能得出答案，具有一定的独创性。如：根据……你能提出哪些解决办法？如果……会出现什么情况、产生什么后果？你认为……为什么？你相信……为什么？等等。

提问操作技术的关键是做到明确提问的目的，考虑提问的难易，掌握提问的时机，讲究提问的艺术。

提问的目的性，就是教师要钻研教材，根据教学内容来设置问题，提出的问题要有典型性、针对性。此外还要预估到学生应答中可能出现的各种情况以及应急处理对策。

提问的难易性，就是根据学生的知识基础与能力水平来设计问题，准确地把握提问的难度。问题难度过大，学生思维跟不上，反正动不动脑都答不出，就不愿动脑；反之问题太简单，学生不假思考就能解答出来，也不能起到调动学生积极思考的作用，要以学生"跳一跳、蹦一蹦"才能达到水平较为合适。

提问时机性，就是要掌握提问时机。提问一般在：导入新课时提问、新旧知识衔接处提问、重点难点处提问、枯燥无味时提问、注意力不集中时提问、思维困惑时提问、学生兴致浓时提问等。

提问的艺术性，就是要掌握提问的艺术与技巧。提问的艺术性要注意四点：一是注意提问对象，是面向全班学生提问还是针对个别学生提问，特别要防止"少数人表演，多数人陪坐"的现象发生。二是注意难度分解。当提出的问题较难，学生吃不透、摸不准、答不了时，教师可将难题分解成若干个小问题，降低难度，以消除学生畏难情绪，提高答题积极性。三是注意转换思维角度。有时学生对某问题从某个角度觉得难于理解及解答时，教师可另辟蹊径，转换到学生便于理解或熟悉的角度提问。四是注意适时点拨。当学生的思路误入歧途或不得要领时，教师可给予适当的提示与点拨，以帮助学生走出思维误区、回到正确的思考路线上来。

三、启发技术

"启发"一词最早源于孔子《论语·述而》中的"不愤不启，不悱不发。举一隅不以三隅反，则不复也。"意思是说教师要在学生思而未得感到愤闷时帮助开启；要在思而有所得，但却不能准确表达时予以疏导；如果举一不能反三，就不要往下再教了。启发的目的在于举一反三，触类旁通。

在教学中运用启发技术，可以激发学生的自主学习热情，调动学生的学习积极性，培养学生分析问题、解决问题的能力，而且通过对解决问题的过程和方法的探索，可以激发学生的创造热情，培养创新能力。因此启发技术广泛应用于行动导向教学中。

1. 启发的种类

启发的种类较多，有语言的启发和非语言（如行为等）的启发，具体来讲，有以下几种：

（1）通过语言来启发，如一般表达形式的启发，命令形式的启发，提示形式的启发等。

（2）通过体态语言启发，如通过面部表情，目光交流，手势和姿势来进行启发等。

（3）通过媒体启发，如多媒体课件、动画、虚拟仿真等进行启发。

（4）通过动作启发，如在黑板或白板上画图，展示实物或模型或图片、操作演示等来启发。

2. 启发的方法

（1）设疑启发。教师通过问题设疑，把学生思维有效引到问题的焦点上，促使他们脑洞大开从而获得新的知识与技能。

（2）比喻启发。教师运用生动形象的比喻，使问题具体化、形象化，激发起学生的联想，从而开启思维去寻求解决问题的答案。

（3）联想启发。通过联想思维，使人从一事联想到另一事而得到启发，达到由此及彼，从而获取解决问题的方法。

（4）悬念启发。教师设置悬念，利用学生急切想知道结果的心理，激发学生处于思维的兴奋状态，从而调动学生学习的积极性和主动性。

四、引导和反馈技术

1. 引导技术

引导是教师在开始一个新的教学内容或教学活动时引领学生进入活动学习状态的一种行为方式。行动导向教学时，良好的引导技术会把学生的注意力和兴趣吸引到特定的教学任务中，带入到已设计好的教学情境活动之中，能充分调动学生学习的主动性和积极性。

教学引导的具体方式较多，主要有直接引导、问题引导、案例引导、回顾引导、行动引导、实物引导、媒体引导、图片引导和实验引导等，其特点见表 4-1。

表 4-1　教学引导操作技术特点

序号	引导方式	特　　点
1	直接引导	教师直接阐明教学目的、要求及教学内容等进行引导
2	问题引导	教师通过精心设计一些富有启发性或悬念性的问题来进行教学引导
3	案例引导	教师通过熟悉的或感兴趣的事例或故事来进行引导
4	回顾引导	教师通过回顾与新课内容紧密联系的已学过的知识自然而然引入教学过程
5	行动引导	教师通过活动（如任务、项目、策划、设计等）的行动为引导，通过完成行动而学习的一种引导技术
6	实物引导	教师通过实物（或教具）等进行展示或原理演示而引入新课
7	媒体引导	教师通过动画、虚拟仿真等多媒体技术展示进行引导
8	图片引导	教师通过照片、图片（示意图、工作图、结构图）等对教学进行引导
9	实验引导	教师通过实验过程来引导学生学习新课的教学

2. 反馈技术

在行动导向教学过程中，教师是教学问题的设计者，学习方法的引导者，教学活动的组织者和主持人。所以教师必须及时掌握教学过程中的教学信息的反馈，随时掌握学生的学习状况（教学态度、评价、愿望要求及知识接受程度等），以便根据反馈信息采取相应的调控措施（如教学进度调节、教学方法和知识的难易程度的调整）。

所谓反馈就是将系统输出端的输出结果再输入系统的输入端，使其作为评定和调节系统状态的依据的方法或过程。教学过程就是一个信息反馈过程。

行动导向教学中，教学反馈主要通过以下三个方面获得：一是考察对学生的提问，主要是回答的正确性、完整性、熟练程度等；二是观察学生分组研究讨论情况，包括工作计划的完整性、合理性、工作进度、团队合作、安全意识、学生神态情绪、参与积极性等；三是检查学生学习成果，包括成果质量、学习体会、考试成绩等。

第五章

引导文教学法及应用

第一节 引导文教学法及特点

引导文教学法是通过引导文，引导学生独立学习和工作的教学方法。引导文也称为引导课文（不是传统的课文），所以引导文教学法又称为引导课文法。

引导文中包含一系列难度不等的引导问题。学生通过阅读引导文，可以明确学习目的，清楚地了解应该完成什么工作、学会什么知识、掌握什么技能，以及怎样去完成。在引导文的引导下，学生必须积极主动地查阅资料，获取有意义信息，解答引导文中的一系列问题，独立制订工作计划并决策与实施。最后对实施结果进行检查与评价。

在引导文教学法中，学生通过引导文以自主学习和合作学习的方式，学习新的知识和技能，培养了学生独立获取信息的能力，独立制定计划的能力，自行组织和控制工作过程以及检验工作成果的能力。教师的主要任务是解答学生提出的疑难问题及学习过程中的必要指导，并与学生共同评价工作流程和工作成果，教师可以抽出更多的时间帮助能力较差的学生，做到了真正意义上的面向全体学生。引导文教学法极大地激发了学生的学习欲望，充分调动了学生学习的积极性和主动性，促进了学生自主学习能力的提高。

第二节 引导文的类型与构成

一、引导文的类型

引导文（课文）是行为引导的手段。引导文教学法是借助引导文使学生独立完成学习的过程。因此，引导文是引导文教学法成败的关键，是引导文教学法所必需的教学文件。

引导文的类型很多，主要有项目工作引导文、知识技能传授性引导文、岗位描述引导文和调查型引导文等。不管是什么类型引导文，都是把某一项目或某一技能或某一岗位或某一调查问题和它所需要的知识与能力联系起来，让学生清楚完成这些任务需掌握什么知识，应该具备哪些技能以及怎样去完成等。引导文，既重视提供知识，更注重引导学生培养学习能力的过程和方法，它侧重于学习方法指导，以能力培养为出发点。

二、引导文的构成

引导文的形式决定着教学所需要的教学组织形式、教学媒体和教材等。不同职业领域、不同的专业所采用的引导文也不尽相同，总的说来，引导文常由以下几部分构成。

（1）学习任务：学习内容或项目的名称。

（2）任务描述：用文字或图表的形式描述任务要求等，相当于工作任务书。

（3）引导问题：引导文中常包含一些问题，通过这些问题学生能获得工作所需要的信息，能制定工作计划，能实施完成工作任务，并能预估工作的最终成果。

引导问题是引导文的重要内容，要围绕完成任务所需相关知识与技能出题，做到难易结合，题型多样（如填空、判断、问答等）。引导问题可以按照"6W"的方式撰写：是什么（What）？怎么样（How）？什么场合使用（Where）？什么时候起作用（When）？与谁合作（Who）？为什么（Why）？

（4）学习目的描述：学生从引导文中知道他要学习哪些知识、能学习到什么东西。

（5）考核评价与总结：明确考核评价要求，目的是使学生避免工作的盲目性，以保证每一步骤的顺利进行。总结学习过程得失，以便以后做得更好。

（6）工作流程（过程）。

（7）工具需求、材料需求、时间安排。

（8）教学对象。

（9）教学资源：教师只提供获取信息的渠道，如专业网站、专业杂志、参考文献、技术图纸、专业标准、工艺规程、操作说明书等，而不是提供现成的信息材料。这样有利于培养学生独立获取专业信息的能力以及与之相应的其他社会能力。

引导文没有一个固定格式，表 5-1 为引导文格式示例。

表 5-1　引导文格式示例

阶梯轴的车削工艺设计、编程与加工教学引导文

（1）**学习任务**：阶梯轴的车削工艺设计、编程与加工。阶梯轴如图 5-1 所示。

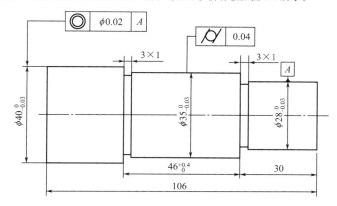

技术要求
1. 尺寸公差、形位公差符合图纸要求。
2. 毛坯材料：45、$\phi42\times110$。
3. $Ra3.2$。

图 5-1　阶梯轴

（2）**任务描述**：以小组形式学习阶梯轴车削的工艺设计、编程与加工。
① 能根据阶梯轴加工要求，正确选用设备、刀具、夹具及切削用量，编制数控加工工艺卡。
② 能使用数控系统指令，正确编制阶梯轴数控加工程序及仿真加工。
③ 能正确进行阶梯轴数控加工。
（3）**教学对象**：高职数控技术专业学生，学生 3～4 人为一组。
（4）**教学目的和要求**：专业能力方面掌握阶梯轴类零件加工工艺特点，掌握 FANUC 数控系统的
G00/G01/G90/G94/S/T/F/M 等指令的编程格式，掌握外圆车刀、切槽刀选用及数控加工参数选用等；
方法能力方面，培养学生的工艺分析能力、工艺方案制定能力、工艺编制能力、数控加工程序编制能力
以及相关知识学习能力等。社会能力方面，培养学生的团结合作能力，正确的学习态度和一丝不苟的工
作精神。
（5）**教学资源**
① 阶梯轴零件图纸及技术要求。
② 教材、参考书、视频：《数控加工工艺与编程》、《数控加工手册》、《刀具手册》、《材料手册》、数
控机床编程与操作说明、数控加工视频、动画、虚拟仿真系统等。
③ 数控网站网址，数控相关资源共享课网址等。
④ 零件数控加工流程及说明等。
⑤ 材料、设备及工具清单：数控机床，刀具（外圆车刀、切槽刀），检具量具等。
（6）**教学评价要求**（可设计表格）
① 正确编制数控加工工艺方案及工艺卡。
② 正确编制数控加工程序及虚拟仿真加工。
③ 加工零件质量符合要求。
④ 操作规范、学习态度、团队合作等方面。
（7）**教学时间与计划**：具体时间安排（可设计表格）。

续表

（8）引导问题（可选择题型）

1）选择题

① 数控机床主轴以 800r/min 转速正转时，其指令是____。

A. M03 S800　　　　　B. M04 S800　　　　C. M05 S800　　　　D. M30 S800

② G 代码控制机床各种____。

A. 主轴功能　　　　　B. 刀具更换　　　　C. 辅助动作状态　　　　D. 准备功能

③ 在使用 G00 指令时，应注意____。

A. 在程序中设置刀具移动速度　　　　B. 刀具的实际移动路线不一定是一条直线

C. 移动的速度应比较慢　　　　　　　D. 一定有两个坐标轴同时移动

2）问答题

① 车削轴类零件常用的刀具有哪些？怎样选择？

② 如何选择轴类零件车削的切削用量？

（9）工作过程

① 学生按要求学习知识，并确定加工工艺方案、编写加工程序及仿真加工、实际加工零件、零件测量检验等（可按资讯、计划、决策、实施、检查与评估进行）。

② 教师巡视并给予必要的指导。

③ 学生对全过程做好记录。

④ 学生交流，教师评价。

（10）总结与成果展示

① 展示各小组在学习中获得的成果，如数控加工工艺方案、数控加工程序以及加工好的阶梯轴等。

② 交流、总结阶梯轴的车削加工工艺设计、编程与加工的体会、收获和经验，总结学习态度、团队合作等职业素养提升情况，总结下次在哪些方面应做得更好。

第三节　引导文教学法的实施过程

引导文教学法的教学实施过程一般可分为六个步骤或阶段，每一个步骤既是一个独立的行为或活动，又是一个互为连接的完整的行为单元，任何一个中间环节都不能缺少。

1. 获取信息

学生根据引导文独立获取制定计划和执行任务所需要的信息，并回答引导问题。

2. 制定计划

学生借助引导文件独立制定工作计划，即具体的工作进程安排，常为书面工作计划。计划包括各分步内容要求，时间安排，所需材料、设备与工具，质量评价指标等。

3. 作出决策

学生与教师讨论所拟定的计划、提出的解决方案是否可行并最终作出决定。同时教师将检查学生是否已掌握必要的知识与技能。

4. 实施计划

学生根据计划以团体或小组分工的形式完成工作任务。该阶段包括工作与检查相互交替，不断反馈，及时调整进度和修订方案。

5. 检验

根据质量考核评价要求，学生自行或由他人进行工作过程质量检验和最终产品质量检查。

6. 评价

学生与老师对整个工作过程和结果进行评价，包括学生自评、小组互评及教师评价，对质量检验监控结果和将来如何改进不足之处进行讨论交流，以便下一次做得更好。

第四节　引导文教学法的应用实例

一、引导文教学法应用实例一

1. V 形支架弯曲模设计教学引导文

（1）学习任务：V 形支架弯曲模设计。

V 形支架弯曲模设计任务书见表 5-2。

表 5-2　V 形支架弯曲模设计任务书

项目名称	图样及要求
V 形支架	
技术要求	1. Q235、δ1.5mm。 2. 弯曲件角度 90°±2°、无裂纹、无翘曲。 3. 单件
任务要求	编制计算说明书，绘制模具装配图及零件图

（2）任务描述：以小组形式学习 V 形支架弯曲模设计。

① 能根据要求对 V 形支架弯曲工艺分析；

② 能计算 V 形支架弯曲毛坯展开尺寸及弯曲力；

③ 能设计弯曲模凸模、凹模结构及尺寸；

④ 能设计弹性顶件装置及非标模座；

⑤ 能设计 V 形支架弯曲模整体结构及绘制装配图。

（3）教学对象：高职模具设计与制造专业学生，学生 5～8 人为一组。

（4）教学目的和要求：专业能力方面掌握弯曲成形原理及工艺，掌握弯曲模设计流程及方法，且能正确绘制弯曲模装配图。方法能力方面，培养学生的工程设计能力，工艺分析能力，学习技能技巧及常用设计软件的使用等。社会能力方面，培养学生的团结合作能力，正确的学习态度和一丝不苟的工作精神。

（5）教学资源。

① V 形支架弯曲成形制件图及技术要求等（见模具设计任务书）；

② 教材、参考书：《冲压工艺及模具设计》、《冲压模具设计手册》、《冲压模具结构手册》，模具结构与制造视频、动画、虚拟仿真等。

③ 模具网站网址，模具相关资源共享课网址等。

④ 模具设计流程及说明：如模具设计流程说明书等。

⑤ 材料、设备及工具清单：成形设备、模具设计实训室（电脑及软件、投影仪、模具结构图、模具或模型实物）等。

（6）教学评价要求（可设计评价表格）。

① 模具设计流程科学合理、设计方法正确。

② 模具装配图、零件图绘制正确，计算说明书编制正确。

③ 学习态度、团队合作等方面。

（7）教学时间与计划，即具体时间安排。

（8）引导问题。

① 影响弯曲件回弹的因素是什么？采取什么措施可减少回弹？

② 坯料弯曲过程中产生偏移的原因有哪些？如何减少偏移？

③ 如何计算 V 形弯曲模凸、凹模的工作部分尺寸？

④ 弯曲件展开尺寸如何计算？

⑤ V 形弯曲模凸、凹模的结构如何确定？

⑥ 弯曲件常见的质量问题是_____、_____和_____。

⑦ 弯曲件中性层计算公式是_____，式中_____表示_____；_____表示_____；_____表示_____；_____表示_____。

（9）工作过程：

① 学生按模具设计要求学习知识，并按设计流程设计模具（可按资讯、计划、决策、实施、检查与评估进行）。

② 教师巡视并给予必要的指导。

③ 学生对全过程做好记录。

④ 学生交流，教师评价。

（10）总结与成果展示：

① 展示各小组模具装配图、零件图，计算说明书等学习成果。

② 交流、总结 V 形支架弯曲成形模设计的体会、收获和经验，总结学习态度、团队合作、安全意识等职业素养提升情况，总结在同类学习中哪些方面值得借鉴、注意事项。

2. 引导文教学法过程

（1）获取信息

学生根据引导文提示和要求，学习弯曲模设计相关知识，回答引导问题，获取信息。具体是掌握弯曲模工作原理及组成，掌握弯曲毛坯展开尺寸、弯曲力计算、模具工作部分尺寸计算，掌握模具整体结构设计、凸凹模结构、尺寸设计；掌握下模座、顶件装置结构尺寸设计，压力机选用等知识，为制定模具设计计划作出决策作准备。在这一过程中，教师可对较难的部分适当讲解及与学生交流指导。

（2）制定工作计划

学生根据引导文以书面形式拟定工作计划。其具体内容包括：各分步内容要求、预期目的效果及时间安排等。V 形支架弯曲模设计工作计划参见表 5-3。

表 5-3　V 形支架弯曲模设计工作计划

设计步骤	设计内容	预期目的、效果	时间参考/min
1	V 形支架弯曲成形件弯曲工艺性分析	判断 V 形支架弯曲成形工艺合理性	15
2	模具整体方案设计	确定成形方案及模具整体结构、绘制装配草图	50
3	V 形支架弯曲成形件展开长度计算	确定毛坯尺寸	15
4	弯曲力计算及压力机参数选择	确定弯曲力及初定压力机	30
5	凸凹模结构、尺寸设计及计算	确定凸凹模结构与尺寸	80
6	下模座、模柄设计	确定下模座、模柄结构与尺寸	30
7	顶件装置结构尺寸设计	顶杆、弹簧、弹簧套结构与尺寸	30
8	其他零件（螺钉、销钉）设计	螺钉、销钉尺寸规格	20
9	压力机参数校核	计算压力机闭合高度和模具闭合高度，确认压力机选择合理	20
10	模具零件图设计绘制	绘制模具零件图	120
11	模具装配图绘制	绘制模具装配图	60
12	计算说明书、图纸等资料归档	设计说明书、图纸等归档	30

（3）决策

教师与学生讨论所拟定的工作计划，作出按计划实施决定。教师检验计划的可行性，若计划存在着不合理的地方，则需及时反馈，要求及时调整或修订。

（4）实施

① V 形支架弯曲成形件弯曲工艺性分析。

该 V 形支架弯曲成形件两直边等长对称，弯曲圆角为 1.5mm，大于规定的最小弯曲半径（查表计算为 0.75mm）；该零件未注尺寸公差，按 IT14 级处理，低于一般弯曲成形公差可达的 IT12 级；该零件材料为 Q235，具有一定的强度，塑性较好，具有良好的弯曲性能。所以该零件可采用弯曲成形工艺加工。

② V 形支架弯曲成形模具整体方案设计。

V 形弯曲模常用的结构有两种：一种是无导向的单工序弯曲模，它结构简单、制造容易、成本低，主要适用于精度较低的弯曲成形；另一种是导柱导向的单工序，它导向准确可靠，间隙均匀稳定、成本较前者高，常用于精度较高的弯曲成形。由于该 V 形弯曲件结构简单、尺寸小、精度低，所以采用无导向的单工序弯曲模弯曲成形较合适。

由于是单个毛坯，选择手工送料操作方式，挡料销定位方式，弹顶出件方式。模具整体结构草图如图 5-2 所示。

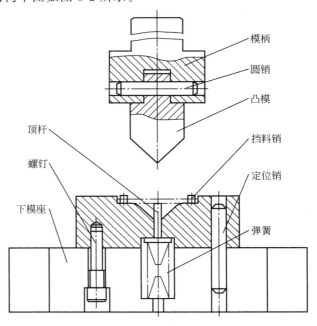

图 5-2 模具整体结构草图

③ V 形支架弯曲成形件展开长度计算。

毛坯尺寸为弯曲件直线部分和圆弧部分长度之和，查表确定中性层位置系数，得出中性层半径为 1.97mm，然后算出其展开长度为 57.1mm。由于该弯曲件是大程度变形，故只考虑角度回弹，根据 Q235 的抗拉强度及厚度查表可得角度回弹值 2°。

④ 弯曲力计算及压力机参数选择。

根据计算公式及查表计算：弯曲力 $F_1 = 4680$N；顶件力 F_D 取弯曲力的 30%～80%，$F_D = 1404$～3744N；$F_z = F_1 + F_D = 6084$～8424N；校正弯曲力 $F_2 = 42420$N。由于校正弯曲力比弯曲力大很多，根据校正弯曲力查表可初步选定压力机型号为 J23-10 开式压力机。其参数为：公称压力为 100kN；滑块行程为 45mm；工作台尺寸 240mm×370mm；滑块模柄孔尺寸 ϕ30mm×55mm；最大闭合高度为 180mm。

⑤ 凸凹模结构、尺寸设计及计算。

凸模尺寸：凸模圆角半径 R_P 取 1.5mm；凸模宽度 B（坯料宽度方向）比坯料宽即可，取 60mm；凸模高度应大于工件高度，取 60mm；凸模长度（坯料长度方向）参照标准槽形模柄宽度，取 50mm。

凹模尺寸：凹模圆角半径 r_d 计算后取 5mm；凹模底部圆角半径 r'_d 计算后取 3.1mm。

凹模深度 l_0 取 20mm；凹模底部最小厚度 h 取 22mm；凹模宽度 B（坯料宽度方向）一般比坯料每边增加 30～40mm，取 30mm，凹模宽度 B 为 80mm；凹模高度 H 计算后取 45mm；凹模长度 L（坯料长度方向）一般比坯料长度每边增加 30～40mm，取 33mm，凹模长度 L 为 125mm。所以凹模尺寸为 125mm×80mm×45mm。

⑥ 下模座、模柄设计。

为方便下模座在压力机上安装，下模座长度方向每边比凹模大 30～40mm，下模座长取 200mm；下模座宽度方向不安装固定螺钉，故比凹模稍大即可，取 100mm；下模座厚度取 30mm；下模座尺寸为 200mm×100mm×30mm。

模柄根据压力机滑块孔尺寸及模具结构，查表选用标准槽形模柄尺寸 ϕ30mm×15mm。

⑦ 顶件装置结构尺寸设计。

考虑到取件方便，采用弹压上顶出装置出件。顶杆小端直径取 ϕ8mm，长度保证弯曲前顶杆端面与凹模上平面的坯料放置面平齐即可，取小端长度为 42mm；顶杆大端直径取 ϕ20mm，长度取 5mm。选择 ϕ10mm 弹簧，弹簧长度取 50mm。由于顶杆上端面被压入凹模表面以后，下模座厚度不足以安装弹簧及螺塞，所以增加弹簧套。弹簧套内孔深度计算取 45mm，内径取 $\phi22mm$，外径取 $\phi33mm$，侧壁厚取 5.5mm，底部厚度取 8mm，底部开 $\phi5mm$ 排气孔。为方便弹簧套旋入下模座，侧壁铣深 3mm 平面。

⑧ 其他零件（挡料销、螺钉、销钉）设计。

根据坯料厚度，选两个 A6×4×10 挡料销；为了凹模与下模座连接，选用 4个 M8×40 螺钉，选用 2 个 $\phi8×45$ 销钉；凸模与模柄 $\phi8×45$ 销钉连接。

⑨ 压力机参数校核。

计算压力机闭合高度和模具闭合高度，确认压力机是否合适。模具闭合高度＝槽形模柄高＋凸模高＋料厚＋凹模底部最小厚度＋下模座厚度＝37＋60＋1.5＋23.2＋30＝151.7mm。J23-10 开式压力机最大闭合高度为 180mm，连杆调节量35mm，故压力机满足成形要求。

⑩ 模具零件图设计绘制（略）。

⑪ 模具装配图绘制（略）。

⑫ 计算说明书、图纸等资料归档。

（5）检验

完成计划后，学生根据 V 形支架弯曲模设计考核评分表，对模具整个设计过程及作品进行质量检验与评价，找出自己的不足之处，思考改进的方法。V 形支架弯曲模设计考核评分表见表 5-4。

表 5-4　V 形支架弯曲模设计考核评分表

课程		班级		姓名	
序号	考核项目	考核内容		考核权重	得分
1	平时表现	学习、工作态度及完成任务情况		5	
		综合能力（课题分析、资料查阅、设计计算、动手能力等）		15	
		组织、交流、团队合作		5	
2	设计作品质量	模具设计流程、方法的正确性		10	
		设计作品正确性（设计方案合理性、设计图纸正确性、计算说明书正确性等）		30	
		设计作品的难度与工作量		5	
3	答辩质量	综合表达能力（说明、讲解、总结）		10	
		回答问题的正确程度及熟练程度		10	
		专业知识应用及分析、解决问题能力		10	
总分					

（6）评价与总结

学生展示成果，并自我评价及各小组之间的互评，最后教师综合评价。教师评价总结要肯定优点，找出不足，以便使下一次做得更好。

二、引导文教学法应用实例二

1. 立对接单面焊双面成形实训教学引导文

（1）学习任务

立对接单面焊双面成形。立对接单面焊双面成形焊件图，如图 5-3 所示。

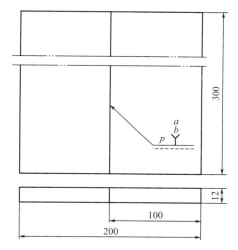

技术要求
1. 单面焊双面成形。
2. 间隙、钝边自定。
3. 焊后变形小于3°。
4. 材料Q235-A，300×100×12，坡口角度60°；焊条E4303、ϕ3.2。

图 5-3　立对接单面焊双面成形焊件图

（2）任务描述

以小组形式学习立对接单面焊双面成形技术。

① 正确运用断弧焊法进行立位打底层焊接；

② 熟练掌握起头、接头、填充焊和盖面焊操作技术；

③ 合理运用运条方法，并善于控制熔池形状与温度；

④ 掌握 V 形坡口立对接单面焊双面成形技术。

（3）教学对象：高职焊接技术与自动化专业学生，学生 4 人为一组。

（4）教学目的和要求

通过学习，要求学生在专业能力方面掌握断弧焊法立位打底层、填充层和盖面层焊接操作技术；能运用运条方法，控制熔池形状与温度，掌握 V 形坡口立对接单面焊双面成形技术。方法能力方面，培养学生的动手能力和学习技能技巧、焊接设备及工具使用方法等。在社会能力方面，培养学生的团结合作能力，正确的学习态度和吃苦耐劳精神。

（5）教学资源

① 学习项目焊件图及技术要求。

② 教材、参考书，如《焊接方法及设备》、《焊工技能训练》，焊接技能录像、视频等。

③ 中国机械工程学会焊接学会网站，校园网址，焊接精品资源共享课程网等。

④ 焊接工艺过程流程及说明，如焊前准备、焊接实施过程等。

⑤ 材料、设备及工具清单，如焊机 BX3-300，钢丝刷，去渣锤，焊缝检验尺，焊条 E4303 ϕ3.2 等。

（6）教学评价要求

① 焊缝外观质量符合要求，如焊缝余高、宽等。

② 焊接工艺符合要求，如工艺参数是否合理等。

③ 焊接操作符合要求，如操作要领、安全文明生产等。

④ 学习态度、团队合作等方面。

（7）教学时间与计划，如具体时间等。

（8）引导问题

① 立焊位置焊接的难点是什么？

② 选用什么型号、什么规格的焊条？

③ 选用什么型号的焊机？

④ 在焊接中应该注意哪些安全问题？

⑤ 焊几层，焊接工艺参数是多少？

⑥ 焊接中，常用的运条方法有哪些？各有何特点？

⑦ X 射线主要用于_____缺陷检验。

⑧ 打底焊采用_____运条法；填充焊采用_____运条法；盖面焊采用_____运条法。

（9）工作过程

① 学生按焊接工艺过程流程进行学习，并按要求进行焊接。

② 教师巡视并给予必要的指导。

③ 学生对全过程做好记录。

④ 学生交流，教师评价。

（10）总结与成果展示

① 交流、总结学习体会、收获和经验，具体包括焊接操作技能、学习态度、团队合作等方面。

② 展示各小组的焊接试件及检验质量。

2. 引导文教学法过程

（1）获取信息

学生根据引导文提示和要求，学习焊条电弧焊立焊相关知识，并回答引导问题，理解断弧焊法打底单面焊双面成形的操作特点，了解立焊起头、接头、填充焊和盖面焊操作技术；掌握立焊焊接工艺参数的选择及对焊缝质量的影响等，为制定工作计划、做出决策作准备。在这一过程中，教师可对较难的部分适当集中讲解。

（2）制定工作计划

制定工作计划即解决怎样干的问题，学生根据引导文以书面形式拟定工作计划。其具体内容包括：各分步计划及要求（如焊接步骤、焊接顺序），编制焊接工艺，选择焊接设备及工具（焊机型号、规格等），制定质量评价指标及完成计划的时间等。各层的运条方法及焊接工艺参数见表 5-5。

表 5-5 各层的运条方法及焊接工艺参数

焊接层次	运条方法	焊条直径/mm	焊接电流/A
打底层	断弧焊法	3.2	95～105
填充层	锯齿形运条法	3.2	110～120
盖面层	锯齿形运条法	3.2	100～110

（3）决策

教师与学生讨论所拟定的工作计划，看是否适合学生当前的实际水平，焊接操作方案是否可行以及所选择的焊接工艺是否合理等。然后做出实施决定。

（4）实施

学生准备材料及设备，按照之前所制定的计划完成焊接任务。实施的过程也是检验计划合理性的过程，若计划存在着不合理的地方，则需及时反馈，要求学生及时调整进度和修订方案。具体实施过程如下。

1）焊前准备

① 焊件：Q235 钢板，长×宽×厚为 300mm×100mm×12mm。一侧开 30°坡口，两块组对一个焊件。

② 焊条：E4303，直径为 3.2mm。焊前需经过 150～200℃烘干，保温 1h，放在保温筒内以备使用。使用前检查焊条药皮有无偏心、开裂、脱落等现象。

③ 装配与定位焊：将焊件坡口正、反两侧 20mm 范围内清理干净，将所需钝边锉削好，并矫平焊件。然后将焊件背面朝上进行组对，检查有无错边现象，留出合适的根部间隙，始焊端预留间隙 3.2mm，终焊端预留间隙 4.0mm。在焊件两端 10～15mm 处进行定位焊，定位焊缝要牢固，以防焊接过程中焊缝收缩使间隙减小或出现焊缝开裂。

定位焊后的焊件表面应平整，错边量≤1.2mm。检查无误后，将焊件通过磕打留出反变形量。

2）焊接

立对接单面焊双面成形焊接操作如图 5-4 所示。

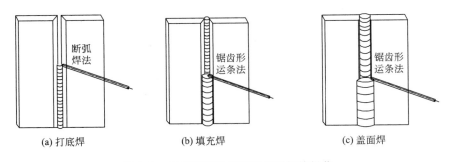

(a) 打底焊　　　　　(b) 填充焊　　　　　(c) 盖面焊

图 5-4　立对接单面焊双面成形焊接操作

① 引弧：将焊件固定在操作架上，焊条与焊件下侧成 70°～80°角度，电弧引燃后迅速将电弧拉至定位焊缝上，长弧预热 2～3s 后，压向坡口根部，当听到击穿声后，即向坡口根部两侧作小幅度摆动，形成第一个熔孔，坡口根部两边熔化 0.5～1mm。板对接立焊熔孔尺寸如图 5-5 所示。

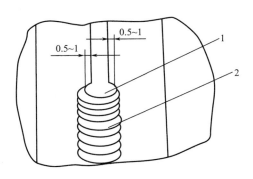

图 5-5　板对接立焊熔孔尺寸

1—熔孔；2—焊道

② 打底焊：当第一个熔孔形成后，立即熄弧，熄弧时间应视熔池液态金属凝固的状态而定，当液态金属的颜色由明亮变暗时，立即送入焊条施焊约 0.8s，进而形成第二个熔池。依次重复操作，直至焊完打底焊道，如图 5-4(a)所示。

③ 填充焊：仔细清理打底层焊道时产生的熔渣及飞溅物，然后在距离焊缝始端 10mm 处引弧后，将电弧拉回到始焊端采用连弧焊法，锯齿形横向摆动运条进行施焊。焊条摆动到坡口两侧要稍作停顿，以利于熔合及排渣，避免焊道两边出现死角。

最后一层填充厚度，应保证焊后比坡口棱边低约 1～1.5mm，如图 5-4（b）所示，且应呈凹形，以便于盖面层借助于棱边来控制焊缝宽度，保证焊缝良好成形。

④ 盖面焊：将前一层熔渣清理干净，引弧与填充焊相同，采用锯齿形运条，焊条角度与焊件的下倾角为 75°～80°。

施焊时，焊接电弧要控制短些，焊条摆动的频率应比平焊时稍快些，运条速度要均匀一致，向上运条时的间距力求相等，使每个新熔池覆盖前一个熔池的 2/3～3/4。焊条摆动到坡口边缘时，要稍作停留［见图 5-4（c）］，始终控制电弧熔化棱边 1mm 左右，从而可有效地获得宽度一致的平直焊缝。

换焊条重新焊接时，在弧坑上方 10mm 左右的填充层焊道上引弧，将电弧拉至原弧坑处稍加预热，当熔池出现熔化状态时，逐渐将电弧压向弧坑，使新形成的熔池边缘与弧坑边缘吻合时，转入正常的锯齿形运条，直至完成整个盖面层焊接。

（5）检验

学生对照焊缝检验评分标准表检验自己焊件的焊缝质量，进行自我评价。让学生进行自我评价，可以让学生知道自己的不足在哪里，去思考改进的方法，而并不仅仅是得到一个工件成绩而已。具体焊接检验评价表见表 5-6。

表 5-6 焊接检验评价表

项目	考核要求	分值	扣分标准	检验结果	得分
正面焊缝余高	0～3	5	超差不得分		
背面焊缝余高	0～2	5	超差不得分		
正面焊缝余高差	≤2	5	超差不得分		
焊缝坡口两侧增宽	≤2.5	5	超差不得分		
焊缝宽度差	≤2	5	超差不得分		
焊后角变形	≤3°	5	超差不得分		
咬边	缺陷深度≤0.5	5	超差不得分		

项目	考核要求	分值	扣分标准	检验结果	得分
未焊透	无	5	出现缺陷不得分		
错边量	≤1.2	5	超差不得分		
焊瘤	无	5	出现缺陷不得分		
气孔	无	5	出现缺陷不得分		
焊缝表面成形	波纹细腻、均匀,美观	10	根据成形酌情扣分		
X射线检测		20	Ⅰ级得20分;Ⅱ级得15分;Ⅲ级得10分;Ⅲ级以下不得分		
安全文明生产	遵守安全文明则	10	根据情况酌情扣分		
学习态度、团队合作	团队合作	5	根据情况酌情扣分		

（6）评价与总结

学生展示成果并自我评价，各小组互评，最后教师综合评价总结。评价总结内容包括对各个操作步骤的评价、焊件质量的评价和学生行为（如学生工作态度、责任心）的评价及总结等。教师综合评价总结要肯定优点，指出不足，达到找出发生错误的原因，如何使下一次焊得更好的目的。

为了使下一次焊得更好，总结出的这几个问题必须加以注意。

问题1：在焊接过程中，每根焊条的成形不一样，会影响整条焊道成形吗？

答：在焊接每层焊道过程中，焊条角度要基本保持一致，才能获得均匀一致焊道波纹。但是操作者往往在更换焊条之后或焊至焊道上部时，因手臂伸长，导致焊条角度或运条节奏发生变化会影响焊道成形。

问题2：怎样使底层焊道背面成形均匀、平滑？

答：打底焊挑弧的节奏要有规律，落弧时，电弧燃烧时间要适宜，熔敷金属的熔入量应尽可能少，但要保证熔合良好；挑弧时，控制熔池温度要得当，熔池颜色变暗适时下落。始终保持焊道较薄状态，熔孔大小、形状一致，就可以达到均匀、平滑的背面焊道成形。

问题3：填充焊的正面焊道呈现什么样的形状为宜？

答：打底焊或填充焊时，除避免产生各种缺陷外，正面焊道的表面还应平整，避免出现凸形，在坡口面与焊道间形成夹角，如图5-6所示。否则，容易产生夹渣、焊瘤等缺陷。

问题4：立焊时，如何获得满意的焊缝成形？

答：在立焊过程中，应始终控制熔池形状为椭圆形或扁圆形，保持熔池外形下部边缘平直，熔池宽度一致、厚度均匀，从而可获得良好的焊缝成形。

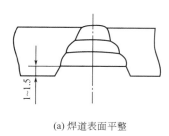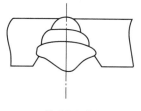

(a) 焊道表面平整　　　　　　　　　(b) 焊道凸起太高

图 5-6　焊道的外形

三、引导文教学法应用实例三

1. 电阻点焊操作教学引导文

（1）学习任务

薄板电阻点焊操作。薄板电阻点焊焊件图，如图 5-7 所示。

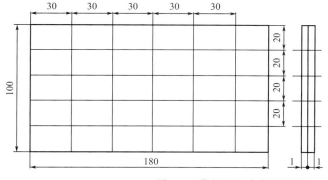

图 5-7　薄板电阻点焊焊件图

技术要求
1. 在直线的交点上进行电阻点焊。
2. 每一个焊点熔合良好。

（2）任务描述

以小组形式学习薄板电阻点焊焊接技术。

① 了解电阻焊的特点、种类及应用范围；

② 了解电阻点焊的工艺参数；

③ 熟知电阻点焊机的正确操作方法；

④ 掌握薄板电阻点焊操作技术；

⑤ 了解 DN2 系列点焊机的常见故障及排除方法。

（3）教学对象

高职焊接技术与自动化专业学生，学生 4～5 人为一组。

（4）教学目的和要求

通过学习，要求学生在专业能力方面掌握电阻点焊机的正确操作方法，掌握薄板电阻点焊操作技术，了解电阻点焊的工艺参数等。在方法能力方面，培养学生的动手能力和学习技能技巧、电阻焊机及工具使用方法等。在社会能力方面，培养学生的团结协作能力，正确的学习态度和吃苦耐劳精神。

（5）教学资源

① 学习任务焊件图及技术要求。

② 教材、参考书：《焊接工艺学》、《焊工技能训练》，焊接技能操作视频等。

③ 中国机械工程学会焊接学会网站，课程网址等。

④ 电阻点焊工艺过程流程及说明：如焊前准备、焊接实施过程等。

⑤ 材料、设备及工具清单：如点焊机型号，Q235钢板等。

（6）教学评价要求

① 焊点表面质量符合要求，如焊点尺寸、焊点表面形状等。

② 焊接工艺符合要求，如工艺参数是否合理等。

③ 焊接操作符合要求，如操作姿势、安全文明生产等。

④ 学习态度、团队合作等方面。

（7）教学时间与计划

如具体教学时间安排等。

（8）引导问题

① 电阻焊的原理和特点是什么？

② 点焊的接头形式有哪些？

③ 电阻焊的分类及应用如何？

④ 电阻点焊过程中应该注意哪些安全问题？

⑤ 电阻点焊的工艺参数有哪些？

⑥ 填写出点焊机各部分的名称。

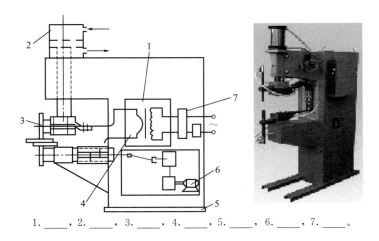

1. ____, 2. ____, 3. ____, 4. ____, 5. ____, 6. ____, 7. ____。

⑦ 填写 DN2 系列点焊机的常见故障及排除方法，见表 5-7。

表 5-7 DN2 系列点焊机的故障及排除方法

故障特征	产生原因	排除方法
焊接无电流	1.焊接程序循环停止 2.继电器触点不良；电阻断路 3.无引燃脉冲或幅值很小 4.气温低，引燃管不工作 5.焊接变压器初级或次级开路	1. 2. 3. 4. 5.
焊件发生烧穿	1.预热时间过短 2.电极下降速度太慢 3.焊接压力未加上 4.上下电极不对中心 5.焊件表面有污尘或内有夹渣物 6.引燃管冷却不良，而引起温度增高失控 7.引燃管承受反峰值降低、逆弧 8.单相导电引起大电流 9.主动力电路或焊接变压器接地	1. 2. 3. 4. 5. 6. 7. 8. 9.
引燃管失控、自动内弧	1.引燃不良 2.闸流管损坏 3.闸流管控制栅无偏压	1. 2. 3.
焊接时二次通电	1.继电器触点间的间隙调节不佳 2.时间调节器、继电器触点接触不良 3.闸流管不良	1. 2. 3.
焊接时电极不下降	1.脚踏开关损坏 2.时间调节器中的继电器触点不良 3.电磁气阀卡死或线圈开路 4.压缩空气压力调节过低 5.气罐机械卡死	1. 2. 3. 4. 5.

（9）工作过程

① 学生按点焊工艺过程流程进行学习，并按要求进行焊接。

② 教师巡视并给予必要的指导。

③ 学生对全过程做好记录。

④ 学生交流，教师评价。

（10）总结与成果展示

① 交流、总结薄板电阻点焊操作的体会、收获和经验以及学习态度、团队合

作等情况。

② 展示各小组学习中完成的焊接试件及其质量检验。

2. 引导文教学法教学过程

（1）获取信息

学生根据引导文提示和要求，学习电阻焊相关知识，回答引导问题以获取信息。具体是了解电阻焊的原理和特点，了解电阻焊的种类及应用范围；弄清薄板电阻点焊操作技术工艺过程，了解 DN2 系列点焊机的常见故障及排除方法等知识，为制定工作计划、作出决策作准备。在这一阶段，教师可对电阻焊原理部分集中讲解，大多为个别指导。

（2）制定工作计划

学生根据引导文以书面形式拟定工作计划。其具体内容包括：各分步计划及要求（如焊接步骤），制定焊接工艺，确定具体焊接设备及工具（焊机型号、规格等），质量控制指标及完成计划的时间等。

（3）决策

教师与学生讨论所拟定的工作计划，分析计划的可行性，对计划不合理的地方，则需及时反馈，进行调整或修订，最后做出实施电阻点焊操作的决定。

（4）实施

学生根据电阻点焊操作的计划，准备好材料及设备，按制定的计划完成焊接任务。具体实施过程如下：

1）焊前准备

①焊件：Q235 钢板，长×宽×厚为 180mm×100mm×1.0mm。每组两块。

②点焊机：DN2-200 型电阻点焊机。

③辅助工具与辅助材料：扳手、锉刀、砂布等。

2）点焊工艺参数

点焊工艺参数见表 5-8。

表 5-8　点焊工艺参数

板厚/mm	焊接通电时间/s	焊接电流/A	电极压力/N
1.0	0.2～0.4	6000～8000	800～900

3）启动焊机

① 合上电源开关，慢慢打开冷却水阀，并检查排水管是否有水流出；接着打开气源开关，按焊件要求参数调节气压；检查电极的相互位置，调节上、下电极，使接触表面对齐同心并贴合良好。

② 根据焊接要求，通过焊接变压器和控制系统调整各开关及旋钮，调节焊接电流、预压时间、焊接时间、锻压时间、休止时间等工艺参数。

③ 按启动按钮，接通控制系统，约 5 分钟指示灯亮，表示准备工作结束，可以开动焊机进行焊接。

4）焊接操作

操作姿势：操作者成站立姿势，面向电极，右脚向前跨半步踏在脚踏开关上，左手持焊件，右手扳动开关或手动三通阀。

① 预压：首先将焊件放置在下电极端头处，踩下脚踏开关，电磁气阀通电动作，上电极下降压紧焊件，进行一定的时间预压。

② 焊接：触发电路启动工作，按已调好的焊接电流对焊件进行通电加热，经过一定的时间后，触发电路断电，焊接阶段结束。

③ 锻压：在焊件焊点的冷凝过程中，经过一定时间的锻压后，电磁气阀随之断开，上电极开始上升，锻压结束。

④ 休止：经过一定的休止时间后，抬起脚踏开关，则一个焊点焊接过程结束，为下一个焊点焊接作好准备。

5）停止操作

焊接停止时，应先切断电源开关，然后经过 10 分钟后再关闭冷却水。

（5）检验

完成计划后，学生根据焊接检验评分标准，对焊接操作过程及焊件的焊接质量检验，并进行自我评价，找出自己的不足之处，以及思考改进的方法。具体焊接检验评价表见表 5-9。

表 5-9　焊接检验评价表

项目	考核要求	分值	扣分标准	检验结果	得分
焊点表面形状	均匀、大小一致	20	酌情扣分		
表面飞溅	无	10	出现不得分		
压坑深度	深度≤0.15	15	深度超差不得分		
环状或径向裂纹	无	15	出现缺陷不得分		
粘附铜电极合金	无	10	出现不得分		
焊点直径	≥75%d（d 为电极端部直径）	15	不符合要求不得分		
安全文明生产	遵守安全文明规则	10	根据情况酌情扣分		
团队合作	团队合作良好	5	根据情况酌情扣分		

（6）总结与评价

学生根据焊接试件及其检验结果，先自我评价总结，然后各小组之间互评，最后教师综合评价总结。教师综合评价总结要肯定优点，指出问题，以便使下一次焊得更好。下面是评价后总结的几点注意事项。

① 焊件要保证焊接处紧密贴合，可防止引起过热、烧穿、裂纹和金属飞溅的问题。

② 点焊时要将工件放平。焊接顺序的安排要使焊点交叉分布，使可能产生的变形均匀分布，避免变形积累。

③ 对于工件表面要求无压痕或压痕很小时，可将表面要求高的一面放于下电极上，尽可能加大下电极表面直径，或选用在平板点焊机上进行焊接。

④ 修磨电极端头，尽量使表面光滑，并调整好上下电极的位置，保证电极端头平面平行，轴线对中。

⑤ 零件较大时应有点焊工装，保证焊点位置准确，防止变形。

⑥ 操作中要保证工艺参数的稳定，以确保点焊质量。当电极压力超出给定参数时，应停止焊接，将压力调到稳定后再继续焊接。

⑦ 随时观察焊点表面状态，及时修理电极端头，防止焊件表面粘住电极或烧伤。

⑧ 若焊机的机臂温度高于75℃，或操作时出现其他问题，应妥善处理后再继续焊接，以免影响焊接工艺参数的稳定性而影响焊接质量。

四、引导文教学法应用实例四

1. 中厚板气割教学引导文

（1）学习任务

中厚板气割操作。中厚板气割割件图，如图5-8所示。

（2）任务描述

以小组形式学习手工气割技术。

① 掌握气割的原理和特点及应用；

② 熟悉气割设备、辅助工具及其使用方法；

③ 能正确选择割炬和割嘴号码，并能调整合适的火焰能率；

④ 掌握中厚板直线、圆及曲线气割技术。

（3）教学对象

高职焊接技术与自动化专业学生，学生3～4人为一组。

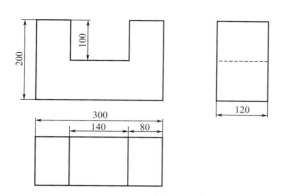

技术要求
1. 切割面平整光滑，切纹均匀。
2. 割件的切口表面及热影响区
   不得有淬硬现象及裂纹。

图 5-8　中厚板气割割件图

（4）教学目的和要求

通过学习，要求学生在专业能力方面掌握气割的原理、特点及应用，掌握中厚板直线、圆及曲线气割技术。在方法能力方面，培养学生的动手能力和学习手工气割的技能技巧。在社会能力方面，培养学生的团结协作能力，正确的学习态度和吃苦耐劳精神。

（5）教学资源

① 中厚板气割割件图及技术要求；

② 教材、参考书：《焊接工艺学》、《焊工技能训练》，气割技能视频等。

③ 中国机械工程学会焊接学会网站，专业课程学习网址等。

④ 气割工艺过程流程及说明：如割前准备、气割实施步骤等。

⑤ 材料、设备及工具清单：如割炬，扳手、点火枪，Q235 钢板等。

（6）教学评价要求

① 割口表面质量符合要求，如割口整齐、不挂渣等。

② 气割工艺符合要求，如气割工艺参数合理等。

③ 气割操作符合要求，如操作姿势、安全文明生产等。

④ 学习态度、团队合作等方面。

（7）教学时间与计划

时间安排等。

（8）引导问题

如可提出以下引导问题。

① 气割的原理和特点是什么？

② 气割的设备和工具有哪些？

③ 射吸式割炬的工作原理是什么？

④ 气割的工艺参数有哪些？

⑤ 填空：

a. 氧气瓶外表是＿＿＿＿＿＿＿色，氧气字样为＿＿＿＿＿＿＿色；乙炔瓶外表是＿＿＿＿＿＿＿色，乙炔字样颜色为＿＿＿＿＿＿＿色，液化石油气瓶外表涂＿＿＿＿＿＿＿色，液化石油气字样为＿＿＿＿＿＿＿色。

b. 根据氧与乙炔比不同，可得到三种不同性质的火焰，它们是＿＿＿＿＿＿＿、＿＿＿＿＿＿＿、＿＿＿＿＿＿＿。

⑥ 判断：

a. 气割时，上层金属燃烧产生的热量对下层金属起着预热作用。（　　　）

b. 氧气纯度与割缝质量及气体消耗量有关，与气割速度无关。（　　　）

c. 氧气瓶阀、氧气减压器、焊炬、割炬和氧气胶管等，严禁沾染上易燃物质和油脂。（　　　）

d. 气割后拖量就是在氧气切割过程中，在同一条切口上沿切割方向两点间的最大距离。（　　　）

e. 被切割金属材料的燃点高于熔点是保证切割过程顺利进行的最基本条件。（　　　）

f. 氧气本身是不能燃烧的，但它能帮助其他可燃物质燃烧。（　　　）

（9）工作过程

① 学生学习气割知识，并按要求进行切割。

② 教师巡视并给予必要的指导。

③ 学生对全过程做好记录。

④ 学生交流，教师评价。

（9）总结与成果展示

① 交流、总结切割操作的体会、收获和经验，特别要注意职业素养方面的总结。

② 展示各小组成员气割试件及其质量检验。

2. 引导文教学法教学过程

（1）获取信息

学生根据引导文提示和要求，学习气割相关知识获取信息，回答引导问题。具体是掌握气割的原理、特点及应用，掌握中厚板直线、圆及曲线气割技术，掌握气割设备、辅助工具及其使用方法，为制定工作计划及做出实施决策作准备。这时教师作适当指导。

（2）制定工作计划

学生根据引导文以书面形式拟定工作计划。其具体内容包括：确定气割顺序，确定气割工艺参数，选择割炬和割嘴号码，气割质量控制要求及完成计划的时间等内容。

（3）决策

教师与学生交流、讨论所拟定的工作计划，作出计划实施决定。若计划存在着不合理的地方，则需及时反馈，并及时调整与完善。

（4）实施

学生根据拟定的工作计划方案，准备好材料及设备工具，按制定的计划安排完成气割任务。具体实施过程如下。

1）割前准备

① 设备：氧气瓶和乙炔瓶。

② 气割工具：割炬 G01-100 型，3 号环形割嘴；氧气、乙炔减压器。

③ 辅助工具：氧气胶管（黑色）、乙炔胶管（红色）、护目镜、通针、扳手、钢丝刷。

④ 防护用品：工作服、皮手套、胶鞋、口罩、护脚等。

⑤ 割件毛坯：Q235 钢板 长×宽×厚为 320 mm×220mm×30mm，并用石笔画出气割线。

2）气割操作

① 确定气割顺序：先气割矩形轮廓，后气割凹形。

② 调节火焰：调节火焰为中性焰，并调整火焰的挺直度。

③ 割件预热：

开始切割时，应先预热起割端的棱角处［图 5-9（a）］，当金属预热到低于熔点的红热状态呈现亮红色时，割嘴向气割反方向倾斜一点［图 5-9（b）］，将火焰局部移出边缘线以外，同时慢慢打开切割氧气阀门。当看到被预热的红点在氧气流中被吹掉时，进一步开大切割氧气阀门，看到割件背面飞出鲜红的氧化金属渣时，证明割件已被割透。当割件全部割透以后，就可以使割嘴恢复正常位置，并根据割

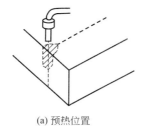

(a) 预热位置   (b) 起割时割嘴倾斜角度

图 5-9　起割图示

件的厚度以适当的速度从右向左移动进行切割。

④ 正常气割：

起割后，即进入正常的气割阶段。为了保证割缝质量，切割速度要均匀，这是整个气割过程最主要的一点。为此，割炬运行要均匀，割嘴与工件的距离要求尽量保持不变。在移动位置重新气割时，要在原来的停割处进行预热，然后对准原割缝开启气割氧气，继续进行气割。

⑤ 停割：

气割临近终点停割时，割嘴应沿气割方向略倾斜一个角度，使钢板的下部提前割透，保证割缝在收尾处整齐。停割后要仔细清除割口周边上的挂渣，以便于以后的加工。

（5）检验

气割完成后，学生根据气割评分标准，对气割操作过程及割件质量进行检验，并进行自我评价，找出自己的不足之处，以及思考改进的方法。具体气割检验评价表见表5-10。

表 5-10　气割检验评价表

项目	考核要求	分值	扣分标准	检验结果	得分
设备及工具安装	安装正确	10	酌情扣分		
气割工艺参数选择	选择正确	10	酌情扣分		
割缝的位置	位置准确	15	酌情扣分		
挂渣	无	10	酌情扣分		
塌角	无	10	出现塌角不得分		
切割面	与割件表面垂直	10	酌情扣分		
割纹	均匀	10	酌情扣分		
操作姿势	姿势正确	10	姿势不正确不得分		
安全文明生产	遵守安全文明规则	10	酌情扣分		
团队合作、学习态度等	团队合作、学习表现	5	酌情扣分		

（6）总结与评价

学生根据气割作品及检验结果，自我总结评价及各小组之间的互评，最后教师综合总结评价。教师总结评价要总结成绩，肯定优点，找出不足，以便下一次焊得更好。下面是总结的几个问答题，也可作为下次的引导题。

问题1：在割件上有直线又有曲线、有边缘气割线还有内部气割线等情况，怎样来确定气割顺序呢？

答：① 在同一割件上既有直线又有曲线，则先割直线后割曲线。

② 同一割件上有边缘气割线还有内部气割线时，则先割边缘后割中间。

③ 由割线围成的同一图形中既有大块，又有小块和孔时，应先割小块，后割大块，最后割孔。

④ 同一割件上有垂直形割缝时，应先割底边，后割垂直边。

⑤ 同一割件上有直缝，且直缝上又需开槽时，则先割直线后割槽。

⑥ 割圆弧时，先定好圆心，割时应保持圆心不动。割件断开的位置最后气割，此时操作者要特别小心，注意安全。

问题2：使用割炬应注意哪些事项？

答：① 根据割件的厚度，选用合适的割嘴。装配割嘴时，内嘴与外嘴必须保持同心，这样才能使切割氧射流位于预热火焰的中心，而不发生偏斜。

② 割炬经射吸情况检查正常后，方可把乙炔胶管接上，并用细铁丝扎紧。

③ 割炬点火后，应将火焰调整正常。如果出现打开切割氧气时火焰立即熄灭的现象，则表明割嘴外套与内嘴配合不当、气道之间漏气等，处理方法是将射吸管螺母拧紧。

④ 应随时用通针清除割嘴通道内的污物、飞溅等，以保持通道清洁、光滑。

⑤ 当发生回火时，应立即关闭切割氧调节阀，然后关闭乙炔和预热氧调节阀。

问题3：气割时，产生后拖量的主要原因是什么？

答：① 切口上层金属在燃烧时产生的气体冲淡了气割氧气流，使下层金属燃烧缓慢。

② 下层金属无预热火焰的直接作用，因而使火焰不能充分地对下层金属加热，使割件下层不能剧烈燃烧。

③ 割件下层金属离割嘴距离较远，氧流射线直径增大，吹除氧化物的动能降低。

④ 割速太快，来不及将下层金属氧化而造成后拖量。

气割的后拖量是不可避免的，尤其是在气割厚钢板时更为显著。因此，采用合理的气割速度应该以割缝产生的后拖量较小为原则，以保证气割质量。

第六章

案例教学法及应用

第一节　案例教学法及特点

案例教学法是以案例作为教学材料（载体），围绕教学内容，在教师的指导下，学生对案例进行分析与讨论而展开的一种互动式教学方法。采用这种方法进行的教学过程称为案例教学。案例教学的突出特征，一是把案例作为教学材料，结合不同的教学主题选择不同的案例；二是把结合案例讨论的师生、生生互动作为教学过程的核心。否则只将案例作为举例或说明而缺乏师生互动的过程，严格来讲均不能算案例教学。

案例教学过程中，自始至终都是以学生为主，通过一个个具有代表性的典型案例事件，让学生在案例的阅读、思考、分析、讨论中，加深对基本原理的理解，掌握相关知识与技能，培养学生分析问题、解决问题的方法和能力。

案例教学过程中，案例给学生提供了学习的刺激和动机，使学生主动深入案例、分析案例、提出解决问题方案，改变了传统的教师讲述、学生听记背笔记的被动学习方式，大大调动了学生学习的积极性和主动性。案例教学法与传统教学法的区别见表6-1。

表 6-1　案例教学法与传统教学法的区别

项目	案例教学法	传统教学法
教学目的	培养能力	传授知识
教学载体	教学案例	课本教材
教学方式	启发式	讲授式
交流渠道	教师与学生点对点、面对面多向交流	教师面对学生点对面单向交流
学习积极性	主动学习,积极性高	被动学习,积极性低
教学效果	能力培养效果好	能力培养效果差
学习效果	第一手知识	第二手知识

案例教学法起源于十九世纪二十年代，由美国哈佛商学院提出，直到十九世纪八十年代，才受到师资培训的真正重视，尤其是 1986 年美国卡内基小组在《准备就绪的国家：二十一世纪的教师》的报告中特别推荐了该教学方法后，才成为美国职业教育普遍采用的教学方法之一。我国教育界开始学习和运用案例教学法则是在 1990 年以后，近年来在职业教育中显示出了良好的教学效果与价值。

第二节　案例教学法的组织与实施

一、案例的选用原则

选用案例是实施案例教学法的前提和基础，是案例教学中极其重要的一环，选用案例应遵循以下几个原则。

（1）选用的案例要来源于生产实际的真实事例，且易被学生接受理解，所以教师必须定期或不定期地到企业去搜集案例素材，并转化为适合教学的教学案例。

（2）由于不同的企业因生产方式、生产产品以及生产规模的不同，即使同一类型的产品，其工艺流程也存在一定的差异。因此要选用那些能充分反映（代表）专业行业、企业主导技术、工艺与技能的代表性的典型案例，不要选择个别特例。

（3）整个课程教学过程中用到的案例要考虑知识内容的连贯性和难易的连续性。每个案例必须与其教学内容、教材内容密切衔接，并有丰富的相关资料，能引人深思、启迪思维。

（4）选用的案例可是文字描述材料，最好结合声音、图像、图片、动画等手段形象叙述案例，做到生动形象，引人入胜，激发学生兴趣。

（5）案例的素材来源于生产实践，但是实际案例中的某些做法往往不一定规范，甚至错误，这就要求教师去伪存真、去粗取精，对其筛选、修正与完善。

（6）为便于教学，对原始案例要进行二次开发，可在案例实施过程中增设一些情节和需要思考的问题，使案例具有启发性，这样更能激发学生研讨的积极性，收到较好的教学效果。

（7）选用的案例要讲究时效性，一是时间时效性，即选择最近、最新的案例，二是内容时效性，即选用有关新技术、新工艺与新技能的案例。

二、案例教学法的实施步骤

1. 准备阶段

准备阶段工作主要包括明确教学目标、选择恰当的案例、拟订讨论思考题、确定案例教学的组织形式等内容。

（1）明确教学目标，就是明确学生通过案例教学所应达到的能力水平及对学生进行测验的手段和标准。制定的目标要明确、具体，可操作性强。

（2）选用恰当的案例，即选用案例或编写案例要围绕教学目标的要求，案例内容与所学知识密切相关，案例难易程度与学生学习难度相适用，案例篇幅大小与教学时间相配套。准备好案例后，教师要反复钻研案情，结合学生现状，确定什么地方需要提示，哪些地方需要提供相关的背景材料等。

（3）拟定好思考题或讨论题。根据教学目标要求和案例的内容确定思考题或讨论题。题目要具有一定的启发性、诱导性、可争辩性，有利于使学生通过讨论、争辩进一步深化所学理论知识和技能。

（4）确定案例教学组织形式。案例教学除了适度的讲解、提问外，基本形式是讨论。案例讨论的形式有讨论式、辩论式及专题研讨式等。教学过程中教师要根据教学目标、案例案情、学生人数、教学环境等确定具体采取的组织形式，设计、布置好案例教学环境。

（5）学生分组。将学生分成5～10人一组，各组之间的学习能力、人数尽量平衡。

2. 讨论阶段

案例教学的讨论阶段，就是以学生为主体，组织学生讨论。

（1）介绍案例。教师用几分钟时间简要介绍一下案情，布置讨论思考题，提供相关教学资源。

（2）案例研析。学生以小组为单位阅读、分析案例，对照讨论题反复思考，推敲案情。教师适时指导。

（3）组织讨论。小组充分讨论，得出讨论方案。教师指导。

讨论是案例教学的核心。讨论的目的就是充分调动学生的主观能动性，让学生相对独立地运用所学知识、分析案例、发现问题、找出解决问题的方案。

讨论阶段，学生主体要做到两点：一是要踊跃发言，敢于发表自己的意见和看法，并提出解决问题的方案；二是要注意听取别人的发言，善于从别人的发言中发现合理因素，以补充完善自己的观点和方案。

讨论阶段，教师要做到四点：

第一，要选择好第一位发言人。因为第一位发言人往往对后面的发言起到示范、导向作用，并直接影响到整堂课讨论的效果，课堂上的争论往往也由这位发言人而引起。

第二，要积极营造和维护良好的讨论环境。讨论课气氛越活跃越好，发言的同学越多越好。为了使学生能充分讨论、争辩，教师不要轻易参与争论，既要鼓励那些有自己独到见解的善于表达的同学发言，又要关注那些不善表达的学生，鼓励他们发表意见。

第三，在案例讨论中做好引导角色。讨论冷场时，要适时地引导、启发学生，如给予提示或点拨或提出一、二个引导问题等打破僵局；发言背离主题时，要及时控制引导案例讨论始终围绕教学目标、教学内容进行，不发生偏题或跑题。

第四，教师在案例讨论中，切忌充当"二员"。一当"演员"喧宾夺主，只顾自己发表意见，忘记了学生才是"演员"，才是讨论主体；二当"裁判员"，对学生的发言评头论足或对错评价，可能导致部分同学怕出错而不愿发言，不利于调动全体学生讨论积极性。

3. 总结评价阶段

讨论结束后，教师和学生都应对案例讨论进行总结。学生先小组总结讨论成果，然后每一小组派代表在全班总结，提出解决问题的方案，并接受其他小组的评价。最后教师总结，教师对每组提出的方案进行讲评，指出每个方案的优点与不足，最后学生与老师共同确定一个最佳方案。

对案例教学进行评价，是改进与完善案例教学的重要环节。案例教学的评价，主要从两方面进行：一是对学生参与案例教学的过程进行评价，包括是否积极参与课堂上的讨论，是否独立分析研究案例，是否团队合作，是否遵守纪律等；二是对案例教学成果的评价，包括对解决方案的可行性、合理性、实用性等综合评价。

第三节　案例教学法的应用实例

一、案例教学法应用实例一

1. 学习项目：热作模具钢的热处理（热锻模淬火裂纹分析及热处理工艺改进）

（1）教学目的和要求

① 熟悉常用热作模具钢性能特点。

② 理解常用热作模具钢的热处理工艺及对性能的影响。

③ 了解热锻模热处理淬火缺陷产生原因及防止措施。

（2）教学资源

① 适合讨论的多媒体教室。

② 教材、参考资料：《模具材料及表面处理》、《热处理工艺手册》、《金属材料及热处理》，热锻模热处理案例，热处理技能操作视频等。

③ 中国机械工程学会热处理学会网站、模具学会网、热处理学会网、课程网站等。

④ 思考讨论题。

（3）教学内容

① 5CrNiMo、5CrNiW、5CrNiTi 及 5CrMnMo 模具钢的性能。

② 5CrNiMo、5CrNiW、5CrNiTi 及 5CrMnMo 模具钢的热处理参数选用。

③ 5CrMnMo 热处理淬火裂纹产生原因分析及防止措施制定。

（4）教学评价

① 5CrNiMo、5CrNiW、5CrNiTi 及 5CrMnMo 模具钢的性能掌握程度。

② 5CrMnMo 模具钢的热处理工艺改进能力。

③ 学习态度，发言、讨论的参与程度及团队合作精神等方面。

（5）教学对象

高职模具设计与制造专业或热处理技术专业学生。

（6）教学时间

具体时间安排。

2. 教学案例

某厂一大型热锻模，尺寸为 600mm × 600mm × 350mm，要求模面 35～40HRC，模尾 30～35HRC。本应采用 5CrNiMo 钢、5CrNiW 钢或 5CrNiTi 钢制造，以获得良好的淬透性与强韧性及长的疲劳寿命。但受材料限制，采用了 5CrMnMo 钢生产。采用 850℃加热油冷淬火处理后，发现在锻模四角处产生弧形裂纹，造成锻模失效报废。5CrMnMo 钢锻模热处理工艺如图 6-1 所示。

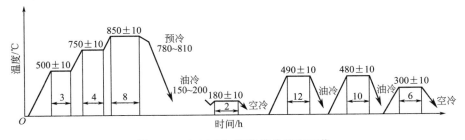

图 6-1　5CrMnMo 钢锻模热处理工艺

3. 案例教学过程

（1）准备阶段

准备阶段就是准备好案例，拟定好思考题或讨论题，确定好案例教学组织形式。根据此案例可采用以个人发言为主的小组分析讨论会，每组人数不超过8人。教师提供模具钢热处理典型案例及热处理工艺手册及热处理网站、模具网站等教学资源，学生利用一定的时间学习热锻模材料及其热处理工艺知识等。

（2）讨论阶段

1）教师简要介绍一下案例，布置讨论思考题。

① 热作模具钢失效的形式主要有哪几种？

② 填写下列表格：

序号	热作模具钢钢号	模具规格（小型、中型、大型、特大型）	工作硬度/HRC
1	5CrMnMo		
2	5CrNiMo		
3	5CrNiTi		
4	5CrNiW		

③ 简述热作模具钢5CrNiMo的热处理工艺。

④ 如何选择5CrNiW和5CrNiTi钢的热处理工艺参数？

⑤ 5CrMnMo热作模具钢的热处理工艺特点是什么？

2）学生阅读、分析案例，对照讨论题思考题，利用相关教学资源等学习5CrNiMo、5CrNiW、5CrNiTi及5CrMnMo等模具钢的性能、热处理工艺知识。

3）学生基本熟悉案情后，组织讨论。根据热处理知识分析5CrMnMo热锻模出现淬火裂纹原因，以及改进措施，最后做出热处理工艺改进方案。讨论中，教师点拨和指导。

（3）总结评价阶段

① 各小组汇报讨论情况，展示归纳总结出CrMnMo热锻模出现淬火裂纹原因及改进工艺。

② 教师作案例讨论总结评价，肯定成绩，指出不足，师生共同得出CrMnMo热锻模出现淬火裂纹原因及提出一个最佳的工艺改进方案。"热作模具钢的热处理"教学评价见表6-2。

表 6-2 "热作模具钢的热处理"教学评价表

评价项目及分值	评价标准	评价方式		
		学生自评	小组评价	教师评价
行为表现 10%	课堂行为表现(无迟到、旷课、早退、睡觉、玩手机等不良行为并按要求带齐学习所需的参考资料及电脑等操作工具)			
学习态度 10%	是否积极主动地学习实践(读书、查找资料、请教他人、主动发言、实践探索等)			
学习效果 60%	能否正确找出热锻模淬火裂纹产生原因(20分) 能否正确改进完善热处理工艺(20分) 能否正确回答思考题(10分) 能否解决相关拓展问题(10分)			
合作团队组织 10%	能否与他人交流学习成果(4分) 能否帮助他人学习(2分) 是否以小组活动共荣辱(2分) 是否在小组活动中起组织作用(2分)			
情感 10%	是否快乐地参与小组任务实践(5分) 是否因学有所获而悦(5分)			
总　分				

③ 引申出案例蕴涵的原理、原则，以便掌握相关的知识，如淬火变形怎么防止？等等，以便下次做得更好。

总结后，热锻模热处理淬火裂纹缺陷产生原因及热处理工艺改进如下。

① 尺寸为 600mm × 600mm × 350mm 的热锻模属于大型模具（高度＞325mm），5CrNiMo、5CrNiW 及 5CrNiTi 由于淬透性好，可用作大型热锻模制造，而 5CrMnMo 淬透性相对不足，仅适合中、小热锻模制作。该模具本应采用 5CrNiMo 钢、5CrNiW 钢或 5CrNiTi 钢制造，但受材料限制，才采用了 5CrMnMo 钢生产，致使该大型锻模件淬不透，以及淬火时油冷时间过长与回火工艺不当，导致锻模淬火应力过高而产生了淬火裂纹，造成了工件破坏失效。

② 对原热处理工艺进行改进，5CrMnMo 锻模改进后热处理工艺如图 6-2 所示。

一是提高淬火温度。淬火温度提高到了 900℃。主要起三个作用：一是淬火温度提高，奥氏体更加均匀化，形成局部高碳针状马氏体的可能性减少，更易获得更多的板条状马氏体，提高了工件强韧性，减少了脆性发生；二是工件中的 Cr、Mo 等合金元素能充分溶入奥氏体中，固溶强化作用增强，工件热强性提高；三是增加了模具钢淬透性，使锻模抗疲劳性能得到提高。

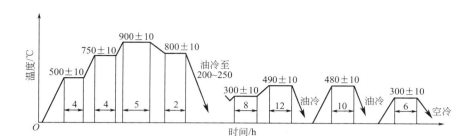

图 6-2　5CrMnMo 钢锻模改进后的热处理工艺

二是改 180℃ 回火为等温处理。模具淬火从油中取出时，表面温度约 200℃ 左右，而心部为 400℃ 左右。如立即在 180℃ 回火，此时表面马氏体转变已完成，而心部仍继续马氏体转变，心部马氏体转变体积膨胀使表面产生拉应力形成裂纹。改进工艺为，将锻模冷至 M_s 点（220℃）后，进行等温处理（290℃×8h），工件心部获得下贝氏体组织，整个模具的组织为板条马氏体＋下贝氏体复合组织，工件强韧性和抗热疲劳性能高，模具使用寿命大大延长。

三是 5CrMnMo 钢油冷淬火中，如出油时间晚易产生淬火裂纹，为此必须按图示调整油冷淬火冷却时间。

二、案例教学法应用实例二

1. 学习项目：预防触电的焊接安全技术

（1）教学目的和要求

① 熟悉和掌握有关安全用电的基本知识、预防触电及触电后急救方法等知识。

② 严格遵守有关部门规定的安全措施，防止触电事故发生。

（2）教学资源

① 适合讨论的多媒体教室或实训室。

② 教材、参考资料：《焊接方法与设备》、《安全用电》，焊接技能视频等。

③ 中国机械工程学会焊接学会网站，精品共享课程网站等。

④ 思考讨论题。

（3）教学内容

① 预防触电的安全知识，如安全电压、通过人体电流等。

② 熟悉有关劳动保护知识及有关安全操作规程。

③ 通过预防触电的焊接安全技术学习，了解预防火灾和爆炸等其他安全技术。

（4）教学评价

① 有关安全用电的基本知识的掌握程度。

② 预防触电及触电后急救方法等知识的掌握程度。

③ 学习态度，发言、讨论的参与程度及团队合作精神等方面。

（5）教学对象

高职院校焊接技术与自动化专业学生。

（6）教学时间

××学时。

2. 教学案例

某造船厂有一位年轻的女电焊工，正在船舱采用焊条电弧焊焊接，因船舱内温度高而且通风不好，身上大量出汗，帆布工作服和手套已湿透。在更换焊条时触及焊钳口，因痉挛后仰跌倒，焊钳落在颈部未能摆脱，造成电击，事故发生后经抢救无效而死亡。

3. 案例教学过程

（1）准备阶段

准备阶段就是准备好案例，拟定好思考题或讨论题，确定好案例教学组织形式。根据此案例可采取以个人发言为主的小组分析讨论会，人数不超过 8 人。学生利用一定的时间学习相关知识，如安全用电的基本知识、触电后急救方法等。

（2）讨论阶段

① 教师简要介绍一下案情，布置讨论思考题。

② 学生阅读、分析案例，对照讨论题，反复思考，推敲案情，分析触电死亡的原因。

③ 学生基本熟悉案情后，组织讨论。讨论中，教师点拨和指导。

讨论时可联系以下思考题进行：

① 人体的电阻大约为多少？与衣服、手套的干燥程度有什么关系？

② 焊机的空载电压与安全电压有何关系？

③ 触电后常用的急救方法是什么？

（3）总结评价阶段

① 各小组汇报讨论情况，并展示归纳总结的触电死亡原因和防止悲剧发生的措施。

② 教师作案例讨论总结评价，肯定成绩，指出不足，最后师生共同得出该电焊工电击死亡的原因及预防焊接触电措施。"预防触电的焊接安全技术"教学评价见表 6-3。

表 6-3 "预防触电的焊接安全技术"教学评价表

序号	评价项目	配分	评价标准与方式	得分
1	焊接操作时触电原因分析	25	教师酌情评分	
2	提出防止焊接触电的措施	25	教师酌情评分	
3	正确回答思考题	10	教师酌情评分	
4	态度、组织、交流、合作、展示能力	20	教师与学生共同酌情评分	
5	学生自评	10	学生自评	
6	学生互评	10	组内学生评价	
7	总分			

总结后，得出的该电焊工电击死亡的原因是：

a.焊机的空载电压较高，超过了安全电压。

b.船舱内温度高，焊工大量出汗，致使人体电阻降低，触电危险增大。

c.触电后未及时发现，电流通过人体的时间较长，使心脏、肺部等重要器官受到严重破坏，所以抢救无效。

总结后，得出的预防焊接触电的技术措施是：

a.焊机外壳接地或接零。

b.在光线暗的场地、容器内操作或夜间工作时，使用的工作照明灯的安全电压应不大于 36V，高空作业或特别潮湿场所，安全电压不超过 12V。

c.焊工的工作服、手套、绝缘鞋应保持干燥。

d.在潮湿的场地工作时，应用干燥的木板或橡胶板等绝缘物作垫板。

e.焊工在拉、合电源闸刀或接触带电物体时，必须单手进行。因为双手操作电源闸刀或接触带电物体时，如发生触电，会通过人体心脏形成回路，造成触电者迅死亡。

f.在容器或船舱内或其他狭小工作场所焊接时，须两人轮换操作，其中一人留守在外面监护，以防发生意外时，立即切断电源便于急救。

g.遇到焊工触电时，切不可用赤手去拉触电者，应先迅速将电源切断，如果切断电源后触电者呈昏迷状态时，应立即施行人工呼吸法，直至送到医院为止。

③ 引申出案例蕴涵的原理，以便掌握相关的知识。如引申出预防火灾和爆炸等其他安全技术知识。如以下为"十不焊"安全操作口诀：

一不是焊工不焊；二是焊接场所情况不明不焊；三不了解周围情况不焊；四不清楚产品内部情况不焊；五装过易燃易爆物品的容器不焊；六用可燃材料作保温隔音的部位不焊；七密闭或有压力的容器管道不焊；八焊接部位旁有易燃易爆品不

焊；九附近有与明火作业相抵触的作业不焊；十禁火区内未办动火审批手续不焊。

三、案例教学法应用实例三

1. 学习项目：仰焊单面焊双面成形的正接与反接技术

（1）教学目的和要求

① 掌握正接与反接的特点及应用。

② 掌握仰焊打底断弧焊的二次接线方法与技巧。

③ 了解板对接仰焊的常见焊接缺陷。

（2）教学资源

① 一体化教室。

② 教材、参考资料：《焊接工艺》、《焊工技能训练》，焊接技能视频等。

③ 中国机械工程学会焊接学会网站，精品共享课程网站等。

④ 思考讨论题。

（3）教学内容

① 板对接仰焊的焊条电弧焊焊接技能要点。

② 板对接仰焊的焊接工艺参数选择。

③ 板对接仰焊中常见焊接缺陷的防止方法。

（4）教学评价

① 根据案例是否掌握正接与反接的特点及应用。

② 仰焊中能否防止常见焊接缺陷的出现（背面内凹、内部气孔等）。

③ 学习态度，发言、讨论的参与程度及团队合作精神等方面。

（5）教学对象

高职院校焊接技术与自动化专业学生。

（6）教学时间

××学时。

2. 教学案例

2014 年某省举行全省第四届职工职业技能大赛焊工比赛，比赛项目中有一项为 12mm 的单面焊双面成形仰焊操作，焊条采用 E5015、ϕ3.2。仰焊的焊件图如图 6-3 所示，仰焊的评分标准见表 6-4。比赛结束评分时，发现一个奇怪的现象，有 3 块试件背面成形较好，焊缝基本与母材背面齐平甚至凸起（仰焊背面难于成形，允许内凹不大于 0.5mm），外观分数较高，但内部质量经 X 射线探伤效果不佳，气孔较多，底片大部分在Ⅲ级以下，分数均在 10 分以下（Ⅰ级片 50 分，Ⅱ级片 30 分，Ⅲ级片 10 分，Ⅳ级及以下 0 分），总分并不高。赛后经了解分析，这三个人来自同一个企业，师从于同一师傅，打底层焊接时均采用直流正接。他们说，打底层采用直流正接时，正接母材侧的热量、温度要高于反接母材侧的热量、温度，有利于背面击穿成形，防止内凹，但没想到内部气孔较多，质量较差。

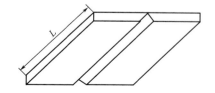 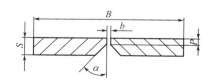

技术要求
1.Q235，$L=300mm$，$B=200mm$，$S=12mm$，$\alpha=30°$，P、b自定。
2.板对接仰焊单面焊双面成形。

图 6-3 板对接仰焊焊件图

表 6-4 仰焊的评分标准

检查项目	评判标准及得分	评判等级				测评数据	实得分数	备注
		Ⅰ	Ⅱ	Ⅲ	Ⅳ			
焊缝余高	尺寸标准	0～2	2～3	3～4	<0,>4			
	得分标准	4 分	3 分	2 分	0 分			
焊缝高度差	尺寸标准	≤1	1～2	2～3	>3			
	得分标准	6 分	4 分	2 分	0 分			
焊缝宽度	尺寸标准	18～21	17～22	16～23	<16,>23			
	得分标准	4 分	2 分	1 分	0 分			
焊缝宽度差	尺寸标准	≤1.5	1.5～2	2～3	>3			
	得分标准	6 分	4 分	2 分	0 分			
咬边	尺寸标准	无咬边	深度≤0.5		深度>0.5			
	得分标准	10 分	每 2mm 扣 1 分		0 分			
正面成形	标准	优	良	中	差			
	得分标准	6 分	4 分	2 分	0 分			
背面成形	标准	优	良	中	差			
	得分标准	4 分	2 分	1 分	0 分			
背面凹	尺寸标准	0～0.5	0.5～1	1～2	>2			
	得分标准	3 分	2 分	1 分	0 分			
背面凸	尺寸标准	0～0.5	0.5～1	1～2	>2			
	得分标准	3 分	2 分	1 分	0 分			

续表

检查项目	评判标准及得分	评判等级				测评数据	实得分数	备注
		Ⅰ	Ⅱ	Ⅲ	Ⅳ			
角变形	尺寸标准	0～1分	1～2	2～3	>3			
	得分标准	4分	3分	1分	0分			
X射线探伤	得分标准	Ⅰ级片50分，Ⅱ级片30分，Ⅲ级片10分，Ⅳ级及以下0分						

焊缝外观（正、背）成形评判标准

优	良	中	差
成形美观，焊缝均匀、细密，高低宽窄一致	成形较好，焊缝均匀、平整	成形尚可，焊缝平直	焊缝弯曲，高低、宽窄明显

注：表面有裂纹、夹渣、气孔、未熔合等缺陷或出现焊件修补、未完成，该项作0分处理。

3. 案例教学过程

（1）准备阶段

① 教师准备案例，拟定好思考题或讨论题，5～7人为一学习小组，每两小组为一学习大组。分为若干大组。

② 学生搜集信息，了解仰焊的焊接工艺参数选择的相关知识，仰焊中常见焊接缺陷的产生原因及防止方法等知识。

（2）讨论阶段

① 教师介绍案例，布置讨论思考题。

a. 何为直流正接、直流反接？各有何特点？

b. 气孔产生的原因是什么，防止措施有哪些？

c. 仰焊焊接的难点是什么？

② 学生以小组为单位学习相关知识；根据案例情况分析外观质量好、内部质量差的原因；分析仰焊正反接操作与工艺参数、焊接缺陷的关系。

③ 每大组两两小组辩论式讨论：一小组为正方，观点为"仰焊应采用直流正接"；另一组为反方，观点为"仰焊应采用直流反接"。

④ 辩论式讨论中，教师起点拨和指导作用。

⑤ 通过辩论式讨论，得出组内结论与体会。

（3）总结评价阶段

① 各大组汇报讨论情况，派代表陈述意见，并展示归纳总结外观质量好、内部质量差的原因及防止措施。

② 教师作案例讨论总结评价，表扬准备充分、表现突出的小组和个人，指

出讨论中的不足。"仰焊单面焊双面成形的正接与反接技术"教学评价表见表 6-5。

表 6-5　"仰焊单面焊双面成形的正接与反接技术"教学评价表

序号	评价项目	配分	评价标准与方式	得分
1	分析案例中问题出现的原因	25	教师酌情评分	
2	提出解决案例中问题的方法	25	教师酌情评分	
3	正确回答思考题	10	教师酌情评分	
4	态度、组织、交流、合作、展示能力	20	教师与学生共同酌情评分	
5	学生自评	10	学生自评	
6	学生互评	10	组内学生评价	
7	总分			

③ 引申出案例蕴涵的原理、原则，以便掌握相关的知识，确保下次做得更好。

总结后得出的外观质量好、内部质量差的原因是：仰焊采用 E5015 焊条，采用直流正接，虽可增加工件侧的热量，背面成形好，内凹少甚至凸起，但直流正接易产生气孔等缺陷；仰焊允许一定的内凹，只是扣几分（内凹加背面成形总共 7 分），而内部质量则占 50 分，有气孔使内部质量下降，扣的分更多，得不偿失。

四、案例教学法应用实例四

1. 学习项目：防止焊接中产生气孔技术

（1）教学目的和要求

① 掌握气孔的分类及特点。

② 掌握气孔产生的原因及防止措施。

（2）教学资源

① 一体化教室。

② 教材、参考资料：《焊接工艺》、《熔焊缺陷控制》，焊接视频等。

③ 中国机械工程学会焊接学会网站，精品共享课程网站等。

④ 思考讨论题。

（3）教学内容

① 气孔的分类及特点。

② 气孔产生的原因及防止措施。

③ 气孔的形成过程及其影响因素。

（4）教学评价

① 对气孔的分类及特点的掌握程度。

② 对气孔产生的原因及防止措施的掌握程度。

③ 学习态度，发言、讨论的参与程度及团队合作精神等方面。

（5）教学对象

高职院校焊接技术与自动化专业学生。

（6）教学时间

××学时。

2. 教学案例

某学生在焊接实训中焊接时，采用焊条 E5015、φ3.2，焊条焊前烘烤 150℃、2 小时，焊后发现焊缝质量较差，在焊缝表面产生了大量的喇叭口形气孔，如图 6-4 所示。

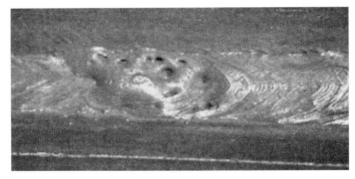

图 6-4　焊件中的气孔

3. 案例教学过程

案例教学的实施步骤见表 6-6。

表 6-6　"防止焊接中产生气孔技术"案例教学的实施步骤

实施步骤	实施内容	教师	学生	教学资源
准备阶段	1.准备案例,拟定好思考题或讨论题,确定案例教学组织形式; 2.搜集信息,了解气孔的分类及特点,气孔产生的原因及防止措施,气孔的形成过程及其影响因素等知识; 3.思考讨论题 (1)气孔的形成过程及其影响因素有哪些? (2)气孔产生的原因是什么?防止措施有哪些?	准备案例,拟定思考题或讨论题,确定5～7人为一学习小组	以小组为单位搜集信息,学习相关知识	《焊接工艺》、《熔焊缺陷控制》,焊接视频,专业网站等

续表

实施步骤		实施内容	教师	学生	教学资源
讨论阶段	介绍案例	教师简要介绍案例并讲解难点	主导		一体化教室
	分析讨论案例	学生以小组为单位进行讨论；根据案例情况分析焊接时出现气孔的原因；通过讨论将气孔与工艺参数选择、焊接操作技能联系起来，开展启发式教学，达到锻炼学生分析问题、解决问题的能力	协调、引导、指导	分析、讨论	一体化教室讨论区
总结评价阶段	小组陈述	各小组汇报讨论情况	主导	小组代表陈述意见	一体化教室讨论区
	教师总结评价	1. 表扬准备充分、表现突出的小组和个人，指出讨论中的不足。 2. 通过总结得出焊接中防止产生气孔的技术： （1）焊条 E5015 烘烤温度过低，应为350～400℃。 （2）焊缝表面的喇叭口形气孔是氢气孔。 （3）待焊部位焊件未清理尽铁锈。 （4）焊接操作不当，电弧过长，应采用短弧焊接。 3. 教学评价见表 6-7	揭示出案例中蕴含的理论知识	强化讨论内容，获得正确知识	一体化教室讨论区

表 6-7 "防止焊接中产生气孔技术"教学评价表

序号	评价项目	配分	评价标准与方式	得分
1	找出气孔产生原因	25	教师酌情评分	
2	提出气孔防止措施	25	教师酌情评分	
3	正确回答思考题	10	教师酌情评分	
4	态度、组织、交流、合作、展示能力	20	教师与学生共同酌情评分	
5	学生自评	10	学生自评	
6	学生互评	10	组内学生评价	
7	总分			

第七章

项目教学法及应用

第一节 项目教学法及特点

项目教学法是以项目为载体、学生为主体、教师为主导，师生通过共同实施一个完整的工作项目而进行的教学活动。采用项目教学法的教学过程称为项目教学。

项目教学中，教师将传统的学科体系中的知识点设计转化为若干个教学项目，学生围绕项目实施组织和开展学习，通过完成完整的一个个项目，来学习相关的知识与技能。项目教学法较好地把理论与实践结合起来，培养了学生自主学习和独立工作的能力，培养了学生分析问题、解决问题的能力及团队精神和合作能力等。

项目教学法与传统的教学法相比，其特点见表 7-1。

表 7-1 项目教学法与传统教学法的特点

项目	传统教学法	项目教学法
教学目的	直接传授知识和技能	运用已有知识和技能获取新的知识和技能，注重能力培养
教师行为	教师讲授为主、传授知识	教学的组织者、引导者和主持人
学生行为	学生听讲、被动学习	学生合作学习、主动学习
交流方式	教师向学生单向传递信息	师生互相传递信息，生生传递信息
教学方式	教师根据学生的不足来补充授课内容	教师利用学生的优点开展教学活动
教学管控	静态的：中规中矩，教师讲、学生听，管控难度小	动态的：学生自主学习，自由度大，存在不确定性因素，管控难度较大
教学成本	教学成本（资金、时间、教师培训）较低	教学成本（资金、时间、教师培训）较高
教学效果	调动学生的外在动力	调动学生的内在动力

第二节　项目教学法的组织与实施

一、项目的选用原则

项目教学法的关键，是要选用合适的项目。这里所指的项目，是指来源于真实的具体的生产实际、具有应用价值的任务或方案或问题或活动等。

（1）项目可以是一个产品或部件或零件，项目可以是一项设计方案或任务，项目可以是一个解决问题的方案，项目也可以是一项调查、一个事件，甚至一个活动等。

（2）项目的选用要考虑与学生现有的知识及能力水平相匹配，设计选用的项目难度要合适，项目太难会打击他们继续学习的积极性；太容易又会让学生很快完成，以致达不到提高分析问题、解决问题的能力效果。

（3）项目的安排要循序渐进，要从遵循学生的认知规律和专业技能形成的规律出发，由简单到复杂，由低级到高级，由局部到整体，由单项到综合。

（4）项目应便于组织实施，具有操作可行性；项目完成成果（作品）具有可检测、检验性，便于质量评判。

（5）项目内容不仅要涵盖相关知识与技能，而且还要涉及完成项目所需的职业素质，这样才能达到培养综合职业能力，提升职业素养的目的。

二、项目教学法的实施过程

项目教学法的过程一般分为以下五个步骤。

1. 确定项目任务（资讯）

确定工作项目，提出工作任务，获取相关信息。教师提出学习项目，简要分析项目任务（包括项目的技术要求、总体时间安排、作品或成果质量标准、设备工具清单等）。教师给学生提供完成项目的教学资源，包括产品或零部件图纸，相关标准及操作工艺规程、教材教参及专业手册、专业网站等。学生根据项目实施要求及教师提供的教学资源，学习相关知识与技能。

2. 制定工作计划（计划、决策）

首先根据学生的实际情况划分小组，每组人数一般以 4～6 人为宜（具体根据项目任务而定）。小组成员可由学生自由组合，也可由教师分配指定，尽量做到成绩好、差搭配，性格外向、内向互相搭配等。

学生以小组为单位分析讨论，独立制定项目实施具体工作计划，并做出决策。教师在这阶段要给学生必要的指导和帮助，重点关注工作计划的合理性和可行性。

3. 实施计划（实施）

学生按照确定的工作计划分工合作共同实施完成。实施过程中学生要随时按照计划进行自检和互检，发现问题及时修正与调整；教师要做到全程监控，适时点拨和指导。

4. 检查评价

先由各小组自检自评，分析项目实施过程中，哪些做得好，哪些做得不太好，哪些地方有待于改进。然后各小组互评。最后老师对各组情况综合评价，通过对比师生评价结果，找出造成结果差异的原因。评价时要特别注重过程评价与终结性评价相结合，除对项目作品（成果）评价外，更要重视项目实施过程中，学生的工作态度、参与度、合作精神等过程评价。对评价优秀的小组，教师可适当奖励，以激励学生。

5. 成果应用（成果迁移）

将项目成果推广应用到同类的项目教学中，是项目教学的重要目的。项目任务结束后，项目成果不仅要总结归档，更要推广应用。通过成果迁移加深对旧知识理解，学会新知识，以便下次同类教学时，能更加完善，能做到更好。

第三节 项目教学法的应用实例

一、项目教学法的应用实例一

1. 学习项目：简单冲孔模具锉配制作

形状简单的冲孔凸凹模零件图及配合要求如图 7-1 所示。

（1）教学目的和要求

① 熟悉冲压模结构及加工技术要求。

② 掌握冲压凸模、凹模零件加工工艺及操作技术。

③ 掌握冲压凸、凹模锉配间隙的修配调整方法。

（2）教学资源

① 理实一体化实训教室。

② 教材、参考资料：《冲压模具设计及工艺》、《模具钳工工艺与技能训练》、

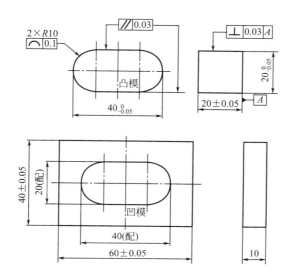

技术要求
1.凸模与凹模配合间隙≤0.03。
2.表面粗糙度Ra1.6。

图 7-1　冲孔凸凹模零件图

《冲压模设计手册》，模具结构制作视频等。

③ 中国机械工程学会模具学会网站，模具精品共享课程网站等。

（3）材料、设备及工具

① 凸模：45 钢、尺寸 22 mm×22 mm×42 mm。

② 凹模：45 钢、尺寸 62 mm×42 mm×10 mm。

③ 锯弓、锯条、台钻、钻头、粗齿锉刀、中齿锉刀、细齿锉刀、整形锉刀、划规、划针、平板和 V 形架。

④ 游标卡尺、千分尺、半径规、刀口形直尺、直角尺、塞尺和游标高度尺。

（4）教学评价

过程评价与终结性评价相结合。

① 模具形状、尺寸符合要求，如尺寸公差、形位公差等。

② 凸凹模配合间隙符合要求、表面粗糙度符合要求。

③ 钳工操作符合要求，如操作姿势、手法、安全文明生产等。

④ 学习态度、团队合作等方面。

（5）教学对象

高职机械类专业学生。

（6）教学时间

具体时间安排。

2. 项目教学过程

（1）确定项目任务（资讯）

教师介绍项目，简要分析项目任务。该项目为"冲孔凸凹模锉配制作"，该冲孔模凸凹模制造方法采用锉配法。冲孔加工时，凸模是基准件，凸模的刃口尺寸决定制件尺寸，凹模型孔加工是以凸模制造时刃口的实际尺寸为基准来配制冲裁间隙的。教师给学生提供前述的教学资源，学生通过教学资源学习相关模具制造知识与技能，掌握冲孔模零件锉配加工工艺及操作技术。教师随时指导、答疑，以提供帮助。

（2）制定工作计划（计划、决策）

学生分为 6 人为一组，各组根据教学目的和要求，结合材料、设备、工具及教学资源，展开小组讨论，制定冲孔凸凹模锉配制作工艺方案，师生共同确认工作计划及具体的加工步骤和流程。教师通过集体讲解或个别辅导为学生答疑解惑、提供指导和帮助。

（3）实施计划（实施）

学生按照确定的工作计划，以小组合作的形式，按计划步骤和流程实施完成。教师要全程跟踪实施过程，适时点拨与指导，及时处理解决项目实施过程中的新问题新情况。凸模凹模及锉配加工流程见表 7-2。

表 7-2 凸模凹模及锉配加工流程

项目	工序号	工序名称	工序内容
凸模加工	1	备料	凸模坯料尺寸：22×22×42
	2	划线	按图样要求划线
	3	锉削	① 锉削基准面 A，保证其平直、平整
			② 锉削其余五面，保证尺寸精度和形状位置公差精度
	4	划线（圆弧）	分别以已加工的基准面为基准，划出其余两个表面的加工界限
	5	锉削	① 使用粗齿锉粗加工 $2×R10$ 圆弧，并留精修加工余量
			② 使用细齿锉刀和整形锉刀精修两圆弧表面，保证尺寸精度和形状位置公差精度
	6	检验	检验件 1 的所有尺寸、形状位置公差精度以及表面粗糙度是否符合图样要求

续表

项目	工序号	工序名称	工序内容
凹模加工	7	备料	凹模坯料尺寸:62×42×10
	8	划线	按照图要求划线
	9	去废料	① 使用 φ9.5 钻头按划线钻孔 ② 用锯条去掉大部分余量
	10	锉削	锉削加工凹模(件2)外部轮廓,保证尺寸 60±0.05、40±0.05 以及表面粗糙度要求
	11	孔加工	① 粗加工型孔,单边留 0.2 修锉余量 ② 测量凸模(件1)的实际尺寸和形状,根据实测值对应配锉型孔相应表面,以保证冲裁间隙要求
	12	检验	检验件1的轮廓尺寸、形状位置公差以及表面粗糙度是否达到图样要求
装配(锉配)加工	13	侧面加工	锉削加工两平行平面,与凸模配合检测冲裁间隙
	14	圆弧加工	锉修圆弧部分,与凸模配合保证曲面部分的配合间隙

（4）检查评估

① 自检、小组检验，自评及各小组之间互评。

② 教师对各组的情况进行讲评，对评价优秀的小组，教师可适当奖励。项目任务教学评价标准见表7-3。

表 7-3　项目任务教学评价标准

项目	考核要求	分值	评分标准	检验结果	得分	备注
凸模	$40_{-0.05}^{0}$	6	超差不得分			
	$20_{-0.05}^{0}$	6	超差不得分			
	20±0.05	5	超差扣 3 分			
	2×R10	6	超差 1 处扣 3 分			
	平行度 0.03	10	超差不得			
	垂直度 0.03	10	超差不得			
	线轮廓度 0.1	10	超差 1 处扣 5 分			
	Ra1.6	8	超差 1 处扣 1 分			
凹模	60±0.05	4	超差不得分			
	40±0.05	4	超差不得分			
	Ra1.6	8	超差 1 处扣 1 分			
凸凹模配合	≤0.03	12	超差 1 处扣 3 分			
职业素养	安全生产	4	视情况酌情扣分			
	学习态度、团队合作	7	视情况酌情扣分			

（5）成果应用（成果迁移）

师生共同总结项目成果并归档，对一些共性的经验和体会，推广应用到同类的项目教学中，使下次项目教学能更加完善，能做到更好。

二、项目教学法应用实例二

1. 学习项目：板对接平焊

板对接平焊焊件图及技术要求如图 7-2 所示。

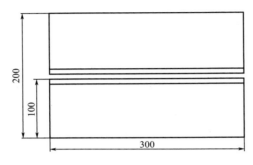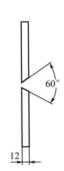

技术要求
1. 单面焊双面成形。
2. 间隙、钝边自定。
3. 焊后变形小于3°。

图 7-2　板对接平焊焊件图

（1）教学目的和要求

① 掌握酸性焊条断弧焊打底操作技术。

② 掌握多层焊填充层、盖面层的操作要领。

③ 能正确选择焊接参数。

（2）技能点

① 断弧焊法。

② 定位焊。

③ V形坡口多层焊。

（3）教学资源

① 理实一体化教室。

② 教材、参考资料：《焊接实训与考证》、《焊工技能训练》，焊接技能视频等。

③ 中国机械工程学会焊接学会网站，专业课程网等。

④ 焊件图及技术要求。

（4）材料、设备及工具

① 焊机：BX3-300。

② 钢丝刷、去渣锤、焊缝检验尺。

③ Q235，300mm×100mm×12mm。

④ 焊条 E4303，直径 3.2mm 和 4.0mm。

（5）教学评价

过程评价与终结性评价相结合。

① 焊缝外观质量符合要求，如焊缝余高、焊缝宽度等。

② 焊接工艺符合要求，如工艺参数是否合理等。

③ 焊接操作符合要求，如操作姿势、运条手法、安全文明生产等。

④ 学习态度、团队合作等方面。

（6）教学对象

高职焊接技术与自动化专业学生。

（7）教学时间

具体时间安排。

2. 项目教学过程

（1）确定项目任务

教师介绍项目任务，简要分析项目任务。该项目为"板对接平焊"，由于焊件处于平焊位置，填充焊和盖面焊与其他焊接位置相比操作比较容易。但打底焊时，在重力和电弧吹力作用下的熔化金属容易使焊道背面产生超高、焊瘤、烧穿等缺陷。此外，由于是 V 形坡口单面焊，所以焊后易出现角变形。

教师给学生提供前述的教学资源，学生根据项目要求通过教学资源学习 V 形坡口板对接平焊相关知识与技能，教师随时指导。

（2）制定工作计划（计划、决策）

学生 3～4 人为一组，各组根据教学目的和要求，材料、设备及工具，教材、参考资料等展开小组讨论，确定焊件装配尺寸、各层的焊接工艺参数、焊接质量具体检验要求以及焊接操作技巧等内容，做好工作计划，确定工作步骤和程序，并最终得到教师的认可。教师详细观察学生活动，适时给予指导和帮助。

Q235 钢 E4303 焊条焊件装配尺寸及焊接工艺参数分别见表 7-4、表 7-5。

表 7-4　酸性焊条焊件装配尺寸

| 焊件厚度/mm | 根部间隙/mm | | 坡口角度/° | 钝边/mm | 反变形量/° | 错边量/mm |
	始焊端	终焊端				
12	3.2	4.0	60±2	0.5～1	3	≤1

表 7-5　酸性焊条断弧焊法焊接工艺参数

焊接层次	运条方法	焊条直径/mm	焊接电流/A
打底层	断弧焊法	3.2	95～105
填充层	锯齿形或月牙形运条法	4.0	170～180
盖面层	锯齿形或正圆圈形运条法		160～170

（3）实施计划（实施）

学生按照制定的工作计划，以一人操作其他观察其操作的形式，按照已确定的工作步骤和程序，按计划实施并完成。

1）焊前准备

① 试件材料　Q235，300mm×200mm×12mm；坡口形式和尺寸，如图 7-2 所示。

② 焊接材料　E4303（J422），焊条烘焙 75～150℃，保温 1～2h，随用随取。

③ 焊接设备　BX3-300 或 ZX7-400。

④ 焊前清理　清理试件坡口面与坡口正反面两侧各 20mm 范围内的油污、锈蚀、水分及其他污物，直至露出金属光泽。

⑤ 装配定位　始焊端装配间隙为 3.2mm，终焊端装配间隙为 4.0mm，错边量≤1.0mm；在距离试件两端 20mm 以内的坡口面内定位焊，焊缝长度 10～15mm，定位焊如图 7-3 所示。同时预制反变形 3°。

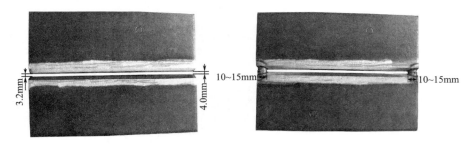

图 7-3　板试件定位焊

预留反变形可利用公式 $h=100\sin\theta$ 进行计算，当预留角度 $\theta=3°$ 时，$h=5.23$mm。具体操作方法是：将组对好的焊件，用两手拿住其中一块钢板的两端，坡口面向下，轻轻磕打另一块，使两板向焊后角变形的相反方向折弯成一定的反变形量即可，如图 7-4 所示。

2）焊接操作

板材对接平焊焊接操作过程见表 7-6。

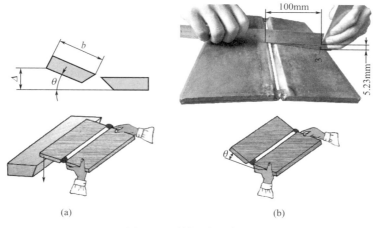

(a) (b)

图 7-4 预制反变形方法

表 7-6 板材对接平焊焊接操作过程

操作步骤及要领	图 示
（1）打底焊 打底焊的焊条角度如图 7-5 所示。具体操作步骤如下： 1）引弧 在始端的定位焊缝处引弧，并略抬高电弧稍作预热，运条至定位焊缝尾部时，将焊条向下压一下，听到"噗"的一声后，立即灭弧。此时看到熔池前方应有熔孔，熔孔的轮廓由熔池边缘和坡口两侧被熔化的缺口构成，深入两侧母材 0.5～1mm，如图 7-6 所示。当熔池边缘变成暗红，熔池中间仍处于熔融状态时，立即在熔池的中间引燃电弧，压低电弧形成熔池产生熔孔后立即灭弧，这样反复击穿直到焊完。运条间距要均匀准确，保证电弧的 2/3 压住熔池，1/3 作用在熔池前方。 2）收弧 收弧前，应在熔池前方做一个熔孔，然后回焊 10mm 左右，再灭弧；这时应向熔池的根部多送进 2～3 滴熔液，然后灭弧，以使熔池缓慢冷却，避免接头出现冷缩孔。	 图 7-5 打底焊的焊条角度  图 7-6 打底焊熔孔形状尺寸

操作步骤及要领	图　　示
3）接头　采用热接法，接头换焊条的速度要快，在收弧熔池还没有完全冷却时，立即在熔池后 10～15mm 处引弧。当电弧移至收弧熔池边缘时，将焊条向下压，听到"噗"一声击穿的声音，稍作停顿，再给两滴液体金属，以保证接头过渡平整，防止形成冷缩孔，然后转入正常灭弧焊法。 　更换焊条时的电弧轨迹如图 7-7 所示。电弧在①的位置重新引弧，沿焊道接头处②的位置，作长弧预热来回摆动。摆动几下③④⑤⑥之后，在⑦的位置压低电弧。当出现熔孔并听到"噗噗"声时，迅速灭弧。这时更换焊条的接头操作结束，转入正常灭弧焊法。 　在离右侧定位焊缝 4mm 时，要做好收弧准备，待最后一个熔孔完成后不要立即熄灭电弧，而是要沿着定位焊缝采用连弧法焊接到最右端，这样能保证打底焊背面与右侧定位焊缝的接头良好。 　打底焊背面焊缝如图 7-8 所示。	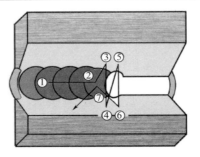 图 7-7　更换焊条时的电弧轨迹  图 7-8　打底焊背面焊缝
（2）填充焊 　填充层分两层进行焊接。填充焊前应对前一层焊缝仔细清渣，特别是坡口面的夹角处更要清理干净。填充焊的运条方法为锯齿形运条法，焊条与焊件的角度如图 7-9 和图 7-10 所示。填充焊时应注意以下几点： 　① 摆动到两侧坡口处应稍作停留，保证两侧有一定的熔深，并使填充焊道略向下凹。	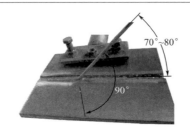 图 7-9　填充层第一层焊条和焊件的角度  图 7-10　填充层第二层焊条和焊件的角度

续表

操作步骤及要领	图　　示
② 接头方法如图 7-11 所示,焊缝接头应错开,每焊一层应改变焊接方向,从焊件的另一端起焊,并采用锯齿形运条法,各层间熔渣要认真清理,并控制层间温度。 ③ 最后一层的焊缝表面应低于母材约 1.0~1.5mm,要注意不能熔化坡口两侧的棱边,最好呈凹形,以便于盖面焊时控制焊缝宽度和焊缝余高。	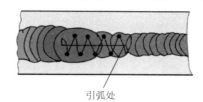 引弧处 图 7-11　填充层接头方法
（3）盖面焊 盖面焊焊接电流应略小一点,要使熔池形状和大小保持均匀一致,焊条与焊接方向夹角保持 75°～85°,如图 7-12 所示。采用锯齿形运条法,焊条摆动到坡口边缘时应稍作停顿,以免产生咬边。 换焊条要快,并在弧坑前 10mm 左右处引弧,然后将电弧退至弧坑的 2/3 处,填满弧坑后正常进行焊接。接头时应注意,若接头位置偏后,则接头部位焊缝会过高;若偏前,则焊道会脱节。焊接时应注意保证熔池边缘不得超过表面坡口棱边 2mm,否则,焊道超宽。盖面层的收弧采用画圈法和灭弧焊法,最后填满弧坑使焊缝平滑过渡,盖面焊焊缝如图 7-13 所示。	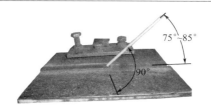 75°~85° 90° 图 7-12　盖面层焊条角度  图 7-13　盖面焊焊缝

（4）检查评估

① 小组检查自评，并派人汇报成果。

② 各小组之间互评。

③ 教师对各组的情况进行点评，对评价优秀的小组，教师可适当奖励。

项目任务教学评价标准见表 7-7。

表 7-7　项目任务教学评价标准

项　　目	分值	扣分标准	得分	备注
正面焊缝余高(h)　$0 \leqslant h \leqslant 3$	8	超差不得分		
背面焊缝余高(h)　$0 \leqslant h \leqslant 2$	6	超差不得分		

续表

项　目	分值	扣分标准	得分	备注
正面焊缝余高差≤2	6	超差不得分		
正面焊缝每侧比坡口增宽≤2.5	6	超差不得分		
焊缝宽度差≤2	5	超差不得分		
焊缝边缘直线度误差≤2	4	超差不得分		
焊后角变形 α≤3°	5	超差不得分		
咬边缺陷深度 ≤0.5	5	超差不得分		
未焊透无	5	出现缺陷不得分		
错边量≤1	5	超差不得分		
焊瘤无	5	出现缺陷不得分		
气孔无	5	出现缺陷不得分		
焊缝表面波纹细腻均匀,成形美观	15	根据成形酌情扣分		
安全文明生产	10	根据情况酌情扣分		
团队合作	10	根据情况酌情扣分		

（5）成果应用（成果迁移）

总结项目成果并归档，对一些共性的经验和体会，应推广应用到同类的项目教学中，使下次项目教学能更加完善，能做到更好。

通过归纳总结，该项目教学中有以下几点体会，可应用到立焊、横焊及仰焊的焊接中。

① 单面焊双面成形的关键是打底焊。初学者或技能不高时，往往担心有装配间隙会导致焊穿或背面形成焊瘤，所以操作起来胆小，导致背面常常不会成形，造成未焊透缺陷。究其原因，是没有理解单面焊双面成形的本质：一弧两用、穿孔成形。即一个电弧两面用，1/3 在背面燃烧，2/3 在正面燃烧，电弧穿过熔孔在背面成形。

② 焊接过程中，要随时观察熔池与熔渣是否可以分清。若熔渣超前、熔池与熔渣分不清，电弧在熔渣后方，说明焊接电流过小，很容易产生夹渣缺陷；若熔渣明显拖后、熔池裸露出来，说明焊接电流过大，会使焊缝成形粗糙。

③ 填充焊的最后一层焊道要低于焊件表面，且有一定下凹，千万不能超出坡口面的棱边，否则会影响盖面焊缝的成形。

④ 反变形可凭经验确定：用一水平尺搁在焊件两侧，保证中间的空隙能通过一根焊条（包括药皮）即可，如图 7-14 所示。如板宽度 100mm 时，放置直径为 3.2mm 焊条；如板宽度为 125mm 时，放置直径为 4mm 焊条。

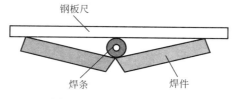

图 7-14 反变形的经验法

三、项目教学法应用实例三

1. 学习项目：珠光体耐热钢管的焊接

图 7-15 为珠光体耐热钢管焊件图。

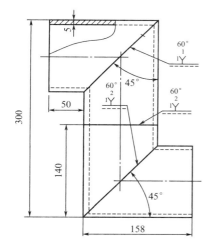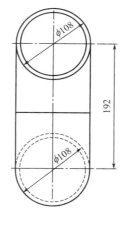

技术要求
1.管子装配要保证相互垂直。
2.要求焊缝焊透，背面成形良好。

图 7-15 珠光体耐热钢管焊件图

（1）教学目的和要求

① 了解铬钼珠光体热钢的特性、焊接性和焊接工艺；

② 了解铬钼珠光体热钢中的 Cr、Mo、V 等元素所起的作用；

③ 掌握珠光体耐热钢的焊接工艺要点（TIG 焊打底，焊条电弧焊盖面）；

④ 会制定珠光体耐热钢的焊接工艺措施。

（2）教学资源

① 理实一体化教室。

② 教材、参考资料：《金属材料焊接工艺》、《焊接手册》、《焊接技能实训》以及其他相关资料。

③ 中国机械工程学会焊接学会网站，校园网等。

④ 焊件图及技术要求。

（3）材料、设备及工具

① 焊机：ZX7-400、WS-300。

② 钢丝刷、去渣锤、焊缝检验尺。

③ 15CrMo，$\phi 108 \times 5$。

④ E5515-B$_2$，$\phi 3.2mm$；TIG-R31，$\phi 2.4mm$。

（4）教学评价

过程评价与终结性评价相结合。

① 焊缝外观质量符合要求，如焊缝余高、焊缝宽度、焊缝成形等。

② 焊接工艺符合要求，如工艺参数是否合理等。

③ 焊接操作符合要求，安全文明生产等。

④ 学习态度、团队合作等方面。

（5）教学对象

高职院校焊接技术与自动化专业学生。

（6）教学时间

具体时间安排。

2. 项目教学过程

（1）确定项目任务（资讯）

教师介绍项目，简要分析项目任务。该项目为"珠光体耐热钢管焊接"，该钢焊接时有产生冷裂纹倾向，所以应采取预热、焊后热处理等措施；要求学生理解铬钼珠光体热钢的焊接性，能制定珠光体耐热钢的焊接工艺，同时要求学生具有良好的学习态度及团队合作精神。教师给学生提供前述的教学资源，学生根据项目要求通过教学资源学习相关知识与技能，教师随时指导、帮助。

（2）制定工作计划（计划、决策）

学生分为 4~5 人为一组，各组根据教学目的和要求，材料、设备及工具，教材、参考资料等展开小组讨论，学习珠光体耐热钢的特性、焊接性和焊接工艺特点等相关知识，制定了 TIG 焊打底、焊条电弧焊盖面的焊接工艺方案，确定了焊接步骤和程序。学生在这一步的重点是在老师的帮助下，讨论制定珠光体耐热钢的焊接工艺，包括 TIG 焊焊丝、焊条电弧焊焊条的选择，焊前要不要预热，要不要焊后热处理，焊接工艺参数的大小等内容。老师也可以通过集体讲解或个别辅导为学生答疑解惑、指导和帮助。

（3）实施计划（实施）

学生按照制定的工作计划，分工与合作，按照已确定的工作步骤和程序，按计划实施并完成。教师要全程跟踪，适时点拨与指导，及时处理实施过程中的突发问题，并与学生共同制定出解决方案。

1）焊前准备

① 钢管：材质为 15CrMo 的耐热钢管，规格为 $\phi108\times5mm$ 三段。

② 焊条、焊丝：选择 E5515-B$_2$ 焊条，直径为 3.2mm；选择 TIG-R31 焊丝，直径 2.4mm。

③ 焊件制备：按焊件图要求对钢管划线下料，并在接缝处加工出 60°坡口。修锉坡口钝边并认真清理坡口 20mm 范围的铁锈等污物，对火焰切割的坡口应进行打磨露出金属光泽。

④ 焊件装配定位焊：装配时，根部间隙为 2mm。定位焊 2～3 点，定位焊缝长度 5～10mm，并用尖铲将定位焊缝两端铲削成缓坡形。

2）焊接工艺措施

① 焊条烘焙：焊条使用前烘干温度为 350℃，保温 1.5h。烘焙时不要急热和急冷，以免药皮开裂，使用时把焊条放置在保温桶内，随用随取。

② 预热：焊前预热的主要作用是减缓焊接接头的冷却速度，降低接头的淬硬倾向，减少焊缝金属中扩散氢含量，是防止冷裂纹的有效措施之一。焊前预热至 150～300℃，加热的范围为坡口两侧 100mm 处。

③ 焊接工艺参数：焊接时应严格控制工艺参数，不允许超出规定范围。焊接时最小热输入不允许小于 20kJ/cm，否则应提高预热温度来进行补偿以防止冷却速度过快。

④ 焊后热处理：焊后热处理能消除焊接残余应力，改善焊缝组织和力学性能，并能降低接头的含氢量，是防止延迟裂纹的主要措施之一。对管子进行焊后热处理时，焊缝应缓慢升温，加热速度应控制在 100℃/min 以下，保证内外壁温差不大于 50℃。冷却时用石棉布覆盖，让其缓慢冷却至 300℃，然后在静止空气中自然冷却。热处理加热为电加热法，加热宽度为坡口两侧 100mm，保温层宽度为 600mm，保温层厚度为 100mm。

3）焊接操作

① TIG 焊打底：焊接前，将整根管子一端堵住，另一端充氩气对管子进行氩气保护。焊接时，钨极对准坡口根部边缘熔化钝边，保持熔孔大小一致，使管子内壁充分熔透。填充焊丝量少，要有节奏。熄弧时，电流应逐渐衰减，并将电弧慢慢转移到坡口上来熄灭，不允许在弧坑中心突然断弧，以免产生裂纹。焊接过程中若发现裂纹，应立即停下来补焊好后再继续施焊，但应避免多次重复焊接。

② 焊条电弧焊盖面：采用直流反接施焊。焊接过程中，焊件温度不低于 150～

300℃，采用多层焊，电弧长度小于焊条直径，层间焊道接头互相错开 30～50mm。由于焊缝金属比母材的线膨胀系数大，弧坑处焊缝较薄，冷却收缩时易出现裂纹，所以不应多次引弧和断弧。弧坑要填满，接头换焊条动作要快，不得随意在管子上引弧，以防止损伤母材表面。每焊完一层后要彻底清渣，再焊下一层。焊接过程中，焊缝两侧各 100mm 区域应不低于预热温度。焊后缓冷。

4）焊后热处理

焊后立即进行 680～720℃无中断高温回火处理，消除焊接应力。

（4）检查评估

① 小组检查、总结自评及各小组之间互评。

② 教师对各组的情况进行相应地点评，对评价优秀的小组，教师可适当奖励。项目任务教学评价标准见表 7-8。

表 7-8　项目任务教学评价标准

项目	考核要求	分值	扣分标准	检验结果	得分
工艺措施选择	选择得当	15	选择不当不得分		
焊缝宽度	≤坡口宽度＋4	10	超差不得分		
焊缝余高	≤3	10	超差不得分		
咬边	≤0.5	10	每 5 扣 2 分		
夹渣	无	5	出现不得分		
气孔	无	10	出现不得分		
焊瘤	无	5	出现不得分		
垂直度	≤1.0	5	超差不得分		
通球检测	通球为 0.85% 管内径	10	通球不过不得分		
安全文明生产	遵守安全文明规则	10	根据情况酌情扣分		
团队合作	团队互相合作	10	根据情况酌情扣分		

（5）成果应用（成果迁移）

总结项目成果并归档，对一些共性的经验和体会，应推广应用到同类的项目教学中。

1）通过总结，耐热钢焊接时需注意以下几点：

① 定位焊缝若出现裂纹必须铲掉，重新焊接。

② 耐热钢焊接的环境对焊接质量的影响较大，当风速过大，尤其是管内穿堂风过大时，易使焊接接头淬硬，含氢量也会增加，因此施焊时应用屏风作好遮挡。

③ 整个焊接过程尽量连续焊完，不得已中断时要将焊口用石棉布包裹好，使

其缓冷，再焊时需重新预热。

④ 采用多层焊接，中间层温度不应低于预热温度。

⑤ 焊接过程中，如焊缝需返修，对碳弧气刨后的淬硬层必须彻底打磨净，返修时预热温度为350℃，其他工艺措施按正常焊接相同。

2）为下次做得更好，可复习以下指导题（答案仅供教师用）：

① 问题1. 耐热钢预热时易出现哪些问题？

回答：升温速度不能太快。要均匀，并要求整条焊缝的各部位温度基本一致，不能局部温度过高；内外壁温度基本一致；如在外壁加热，则测温度以内壁为准；一般火焰加热的加热点放在焊接处的反面，如先焊内壁则在外壁预热；预热时接头坡口要保持清洁；注意安全操作，避免烧伤。

② 问题2. 为什么耐热钢不宜采用长弧焊接？

回答：长弧焊会出现电弧燃烧不稳定、电弧热量分散、熔深浅、熔化金属飞溅加剧、合金元素烧损加大、容易产生咬边和未焊透等缺陷。长弧因与空气接触机会增多，空气中的氮、氧等有害气体易侵入熔池，使焊缝产生气孔的可能性增加。

③ 问题3. 珠光体耐热钢定位焊时有哪些要求？

回答：由于珠光体耐热钢具有较大的冷裂纹敏感性，尤其在焊接较厚的铬钼钒钢时，容易出现裂纹。因此，定位焊时也要求预热，要求定位焊焊道有一定的长度和高度。长度一般相当于焊件厚度的2～3倍，高度一般相当于0.6～0.7倍的焊件厚度。定位焊所用的焊条，要求与正式焊相同，或选用韧性和塑性更好的焊条。

④ 问题4. 珠光体耐热钢焊接时，如何消除弧坑裂纹？

回答：珠光体耐热钢有着一定的弧坑裂纹倾向，而弧坑极容易产生裂纹。当弧坑较深，在熄弧处含有较多氧化物夹杂时，则更易产生裂纹。消除弧坑裂纹在操作上可采用两种方法：滴熔法，即在熄弧时焊条在熔池内多滴熔几下，使熔池填满，然后将电弧移至焊缝一侧的母材金属上或熔池后端熄弧；电流衰减法，即当电弧快要收弧时，将焊接电流逐渐衰减，慢慢将熔池填满，然后熄弧。

四、项目教学法应用实例四

1. 学习项目：工字梁的装配焊接

图7-16所示为工字梁的装配焊接图。

（1）教学目的和要求

① 了解装配焊接工艺流程，能采取控制焊接变形措施；

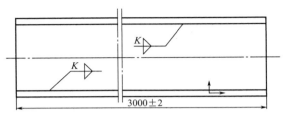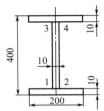

技术要求

1.四条角焊缝的焊脚为$K=10mm\pm1mm$。

2.焊后工字架翼板与腹板应相互垂直。

图 7-16　工字梁装配焊接图

② 保证工字梁的整体几何尺寸符合图样要求；

③ 掌握焊接变形产生原因、影响因素及控制措施；

④ 通过焊接工字梁的装配与焊接训练，掌握装配焊接操作技术。

（2）教学资源

① 理实一体化教室。

② 教材、参考资料：《焊接结构制造工艺》、《焊工技能训练》以及其他相关资料。

③ 中国机械工程学会焊接学会网站，课程网站等。

④ 焊件图及技术要求。

（3）材料、设备及工具

① 焊机：BX3-300。

② 钢丝刷、大锤、焊缝检验尺、划线工具、装配挡铁等。

③ Q235 钢板，$3000mm\times200mm\times10mm$ 两块、$3000mm\times380mm\times10mm$ 一块。

④ 焊条 E4303，直径 3.2mm 和 4.0mm。

（4）教学评价

过程评价与终结性评价相结合。

① 装配、焊接工艺方案的合理性。

② 焊缝外观质量符合要求。

③ 焊接工艺参数选用正确。

④ 焊接操作符合要求，做到安全文明生产。

⑤ 学习态度、团队合作等方面。

（5）教学对象

高职焊接技术与自动化专业学生。

（6）教学时间

具体时间安排。

2. 项目教学过程

（1）确定项目任务（资讯）

教师提出学习项目，简要分析项目任务。图示工字梁为较长的板架结构，腹板和上下翼板相互垂直，通过四条纵向角焊缝连接而成。在装配焊接时，应引起重视的是焊接变形。焊接变形主要有翼板的角变形、工字梁的上拱或下拱变形及旁弯变形，如果处理不当可能产生难以矫正的扭曲变形。

教师给学生提供完成项目的教学资源，如工字梁图纸及技术要求、相关标准及操作工艺规程、教材教参及专业手册、专业网站等。学生根据项目要求及教师提供的教学资源，学习焊接变形产生原因、影响因素及控制措施等相关知识与技能。由于焊接变形是焊接中较难学习的内容，教师可在学生的学习讨论中，适当进行难点讲解与答疑。

（2）制定工作计划（计划、决策）

学生 6～8 人为一组，各组根据教学目的和要求，材料、设备及工具，教学资源等展开小组学习和讨论。工字梁的装配焊接方案主要有两种。一种是采用边装边焊，即先装焊成 T 形断面，再装配另一翼板焊成完整的工形梁。这样工序多、生产周期长，并且变形不容易控制。另一种是考虑到工形梁为典型的对称结构，采用先整体装配，可增大结构刚性，最后进行整体焊接，有利于控制焊接变形。

在教师指导和帮助下，各组制定了工字梁装配焊接工作计划和方案，以整装整焊方案较好。具体的工字梁装配焊接的工艺流程是：焊接设备、材料及工夹量具的准备——钢板剪切及矫平——划线定位装配——工字梁焊接——焊后变形矫正——检验。

（3）实施计划（实施）

学生根据确定的工作方案，以小组合作形式，按照已确定的工作步骤和程序，按计划实施并完成。教师在学生实施过程中全程跟踪并加以指导和帮助。

1）焊前准备

① 焊机：BX3-300。

② 焊条：E4303，直径为 3.2mm 和 4.0mm。

③ 工具、量具和吊具：准备好大锤、撬杠、划针等工具；钢卷尺、钢直尺、直角尺等量具；装配挡铁、吊具等；气割设备或剪板机。

④ 工字梁材料：Q235 钢板，上、下翼板 3000mm×200mm×10mm 各一块；腹板 3000mm×380mm×10mm 一块。

2）钢板剪切及矫平

在钢板上按图样要求划线，然后用氧-乙炔焰气割或剪板机剪切进行下料，并进行必要的气割熔渣清理和钢板矫正。

3）划线定位装配

工字梁装配过程见表 7-9。

表 7-9　工字梁装配过程

示意图	装配过程
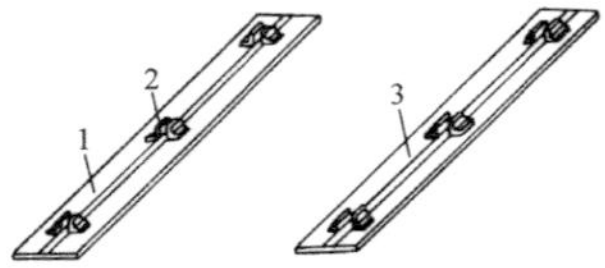	将翼板 1 和 3 放在平台上，在翼板上划出腹板 4 的位置线，并打上样冲眼，沿位置线临时焊上挡铁 2
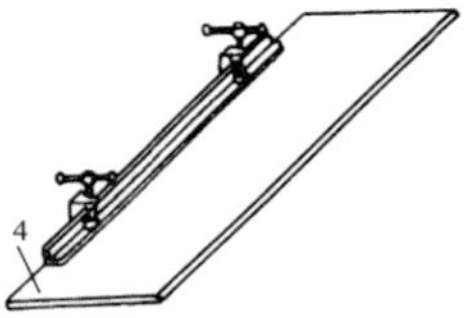	专用吊具将腹板装夹好
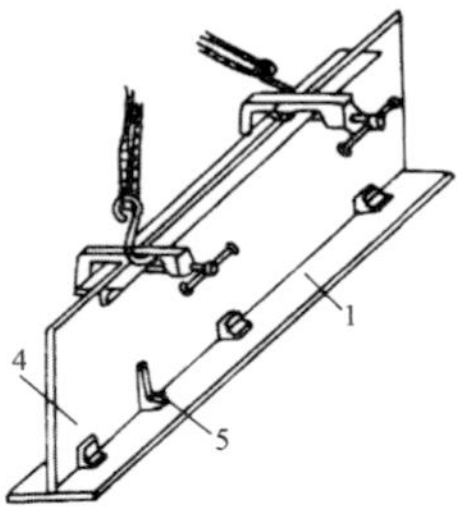	使用专用吊具将腹板吊在翼板上的定位挡铁内，装配时尽可能使吊具的钢丝绳处于铅垂状态，以保证腹板垂直于翼板。用直角尺 5 检测腹板与翼板之间的垂直度，调整完好后，定位焊固定 T 形梁
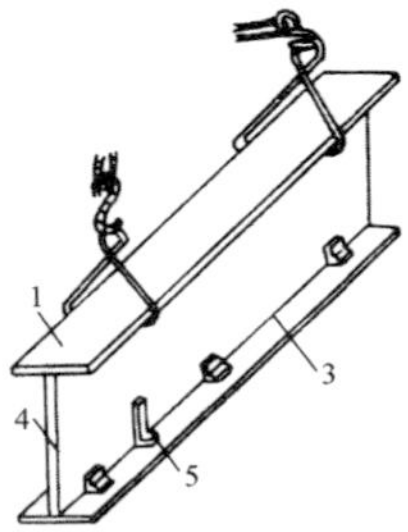	将组装好的 T 形梁翻转 180°，吊放在另一块翼板上，同样用直角尺检测垂直度，并定位焊，完成工字梁的装配。并按图样要求对装配好的工字梁进行全面质量检验

4）焊接

焊接时，将焊缝以 150mm 为一段，分成若干段，采用跳焊法，使梁整体受热均匀以控制弯曲变形；用刚性固定法控制角变形；采用从梁的中间向外同方向对称焊以避免产生扭曲变形。焊缝采用两层焊：第一层，焊条 E4303，ϕ3.2，电流 100～120A；第二层，焊条 E4303，ϕ4，电流 170～190A。

5）焊后变形矫正

工字梁焊后可以采用拉紧器、压力机、千斤顶等进行机械矫正，如图 7-17 所示；也可以采用火焰矫正法进行矫正。

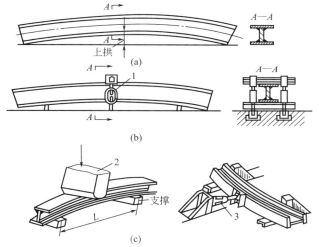

图 7-17　工字梁焊后的机械矫正

1—拉紧器；2—压力机；3—千斤顶

（4）检查评估

1）小组自检、总结自评及各小组之间互评。

2）教师对各组的情况进行相应地点评，肯定成绩，指出不足。对评价优秀的小组，教师可适当奖励。

项目任务教学评价标准见表 7-10。

表 7-10　项目任务教学评价标准

项目	考核要求	分值	扣分标准	检验结果	得分
焊接方案的制定	方案合理	10	酌情扣分		
焊接工艺参数选定	选定正确	10	酌情扣分		
焊接操作要领	操作正确	5	酌情扣分		
结构整体尺寸	满足要求	5	酌情扣分		

续表

项目	考核要求	分值	扣分标准	检验结果	得分
焊接变形	变形小	10	酌情扣分		
焊缝尺寸	9~11mm	10	超差不得分		
焊瘤、夹渣	无	5	出现缺陷不得分		
咬边	深≤0.5mm	5	超过0.5mm不得分		
煤油试验	无贯穿性缺陷	10	出现一处不得分		
焊缝外观成形	波纹细腻、成形美观	10	酌情扣分		
安全文明生产	遵守安全文明规则	10	酌情扣分		
团队合作	团队互相合作	10	酌情扣分		

（5）成果推广（成果迁移）

总结项目成果并归档，将获得的经验和体会，应推广应用到同类的项目教学中，以便下次项目教学能更加完善，能做到更好。以下的总结思考题，对巩固和提高所学知识有所帮助。

问题1.如果在工字梁的上翼板处纵向焊接一条方钢，是否可以采用上面的介绍焊接顺序？

回答：不可以采用。

因为这样的结构为不对称焊缝。如果焊接结构的焊缝是不对称布置的，采用先焊焊缝少的一侧，后焊多的一侧，使后焊的焊缝产生的变形足以抵消先前的变形，以使总体变形减小。

问题2.如果结构中的焊缝是直通长焊缝，是否可以采用连续的直通焊？

回答：不可以采用。

若采用连续的直通焊，将会造成较大的变形，这除了焊接方向因素外，在结构中焊接热量过于集中，分布不均匀也是一个重要原因。在实践中，经常用不同焊接顺序来控制变形。其中有分段退焊法、分中分段退焊法、跳焊法和交替焊法，如图7-18所示。

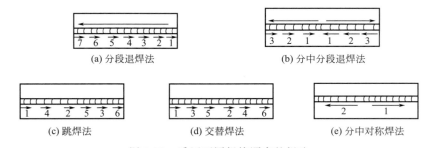

(a) 分段退焊法　　　　(b) 分中分段退焊法

(c) 跳焊法　　　(d) 交替焊法　　　(e) 分中对称焊法

图7-18　采用不同焊接顺序的焊法

第八章

四阶段教学法及应用

第一节 四阶段教学法及特点

四阶段教学法是起源于美国、在欧洲发展成熟并得到广泛推广的一种岗位培训教学方法，它把教学过程分为既相互联系又有区别的若干个阶段，所以该教学方法也称为阶段教学法。四阶段教学法由组织准备、讲解示范、模仿与练习及总结与评价四个阶段组成，其中以示范—模仿为核心。它的教学过程与人类认知规律，特别是技能形成规律一致，所以特别适合于以掌握某项具体知识和操作技能为主要教学目标的教学。

四阶段教学法中，学生主要靠模仿教师的"示范动作"，所以学习效率比较高、掌握技能比较快，但由于把教学"限制"在教师的"示范"内，因此在某种程度上也不利于发挥学生学习的创造性。

需要注意的是，在实际教学中，也有教师把其四个阶段改为导入（或入门）阶段、示范阶段、模仿阶段和结束评价四个阶段，还有的把示范细分为一次示范、二次示范，模仿细分为一次模仿、二次模仿等，衍生出六个阶段或七个阶段。尽管阶段或步骤虽然有变化，但其本质还是示范和模仿。

第二节 四阶段教学法的教学过程

四阶段教学法的教学过程由组织准备、讲解与示范、模仿与练习和总结与评价四个阶段组成。

一、组织准备阶段

组织准备阶段就是为课程的教学所做的一切准备，这一阶段主要是以教师行为为主。具体有以下几个方面。

1. 教学内容的准备

教学内容的准备包括教学内容的深度与广度确定，根据教学目标何时设问提问、提出什么样问题、什么难度的问题，通过知识与技能学习应达到什么样目标等。了解前修课程有哪些，后续课程是什么，教学内容如何有机衔接。教学的重点是什么，难点是什么，各阶段时间如何分配安排。采取哪些措施唤醒学生的求知欲，激发学生主动学习兴趣，调动学生的学习积极性，安全文明生产的意识培养等。

2. 教学对象情况

教学对象情况，即对所教学生的学习、生活情况有一定的了解。班级的学习氛围如何，学生基础知识的掌握程度如何，具备相关知识的学生有多少，学生的动手能力又怎样，组织纪律如何以及自主学习能力、团队合作精神怎样等方面。做好这一部分的准备，将"知己知彼"，有利于教师在整个教学过程中掌握主动权，才能有效地在教学中实行因材施教、因人施教。

3. 教学资源的准备

教学资源的准备包括一体化教室准备，设备、材料、工量具准备，教材、教参、技术图纸、专业标准、专业网址等准备。

4. 布置工作任务

教师向学生布置工作任务，描述具体的教学目的和要求，同时可向学生提供一些思考题，引起学生思考，激发学习兴趣，让学生为教学做一些知识准备。

5. 学生根据提供的教学资源围绕工作任务，自主学习相关知识，教师指导

二、讲解与示范阶段

讲解与示范阶段，以教师为主导。

1. 讲解

讲解时，教师常通过提问，复习已学过的内容而引入新任务，也可通过直接说明所学内容的意义而引入新课。在讲授新知识时，要"集中精讲"，用准确、生动、精练的语言讲明要点，做到目的明确、内容具体、重点突出。通过启发、提问、比较等方式引导学生制定出合理的工作方案等。

讲解时要充分利用现代化的教学手段，如 PPT、视频、动画、虚拟仿真等，以提高教学效率和效果。

实践课（特别是特种作业实践）时，还要有针对性地重点指出易发生事故的地方，规范学生的操作行为，增强安全意识，确保人身安全和设备安全。

2. 示范

示范就是教师以身示范，用自己规范、准确无误的技术动作，供学生学习或模仿，使学生经过反复的练习，正确掌握动作要领、操作姿势和合理的操作工艺。

示范时，教师首先将整个操作过程演示一遍，学生观察，给学生整个过程有一个感性认识。然后再分步操作示范，并用形象生动的语言解释动作特点和注意事项，即每一步怎么做，为什么这么做，使学生在感性认识基础上加深对知识与技能的理解。

示范指导时，可以先讲解后示范，或者先示范后讲解，也可以边示范边讲解。示范操作应遵循由浅入深、由易到难、由慢速到快速、由局部动作到整个操作的过程。

三、模仿与练习阶段

模仿与练习阶段，是四阶段教学法的核心阶段，学生行为占主导地位。通过教师示范，学生对操作过程有了进一步的理解，这时学生开始模仿教师的操作进行自主学习，即按照教师的示范动作要求，自己动手模仿操作，对操作要领自我领会及消化，通过模仿最终实现知识和技能的掌握。从模仿过程中教师可得到反馈信息，了解学生掌握程度。如果学生不能正常模仿时教师要重复示范。

在模仿的基础上学生进一步练习，或独立练习或小组练习，以小组形式练习最佳。无论采取何种形式，学生必须弄清楚三个问题，即做什么、怎样做、为什么这样做。

在此阶段，由于学生刚刚开始进行模仿操作与练习，还未掌握完整的知识和技能，在模仿与练习过程中可能会出现各种各样的问题。因此教师在这一阶段的一项重要工作就是"纠偏"，通过观察学生的操作过程，注意学生的操作规范和安全规范，发现问题及时纠正。在"纠偏"过程中，教师要多鼓励，切忌一味埋怨、批评与指责，打击学生学习积极性。

在此阶段，教师要巡回指导。巡回指导可采用个别指导或集中指导。对于知识、技能掌握不好的"差生"要开"小灶"进行重点帮助，找出原因，树立信心，避免"吃不了"产生厌学甚至放弃情绪；对接受能力快的学生要个别重点指导和培养，使他们能"吃得饱"，成为技术尖子，并"以点带面"推动全班学生共同进步。发现共性问题时可将全体或有关学生集中起来进行集中指导。巡回指导时教师要做到五勤，即腿勤、眼勤、脑勤、嘴勤和手勤。

四、总结与评价阶段

总结与评价是四阶段教学法的最后一步。教师要对整个教学活动进行归纳总结与评价，肯定成绩，指出问题。对教学的重点、难点进行反复讲解，指出重点、难点，以及操作过程中需特别注意的问题，也可以通过提问了解学生对知识的掌握程度。

在总结与评价阶段要特别注意避免教师"一言堂"，即仅仅是教师对学生的作品进行直接点评，往往忽略对学生自主能力的培养。因此教学总结时，教师可根据教学过程中反馈的信息，启发学生自主探究，找出问题产生原因，提出解决问题的方法，最后形成结论，从而培养学生自主分析和解决问题的能力。评价采用自评、互评和教师评价相结合，终结性评价与过程评价相结合。

第三节 四阶段教学法的应用实例

一、四阶段教学法应用实例一

1. 学习项目：轴承座手工造型

完成图 8-1 所示轴承座铸件手工砂型造型。

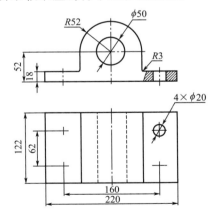

技术要求
1. 手工砂型造型，型腔较光洁，分型面平整一致。
2. ϕ50、ϕ20机加工。

图 8-1 轴承座铸件

（1）教学目的和要求

① 掌握手工造型的技术要领和注意事项。

② 掌握手工造型的工具和设备的使用方法，学会制作砂型。

③ 掌握常用造型方法及手工造型的操作步骤。

（2）教学资源

① 理实一体化教室或铸造造型实训室。

② 教材、参考资料：教材《铸造技能》、《金工实训》、操作技能视频及相关学习资料等。

③ 中国机械工程学会铸造学会网站、专业课程网站等。

④ 造型零件图纸与技术要求。

（3）材料、设备及工具

① 型砂、石墨粉等。

② 砂箱、模型、舂砂锤、浇道棒、镘刀、通气针等。

（4）教学评价

过程评价与终结性评价相结合。

① 手工造型操作工艺正确。

② 手工造型工具、设备的正确使用。

③ 砂型尺寸及表面质量符合要求。

④ 学习态度、团队合作、安全文明生产等。

（5）教学对象

高职机械类专业学生。

（6）教学时间

具体时间安排。

2. 教学过程

（1）组织准备

教师布置工作任务：轴承座手工造型，介绍学习该任务应达到的目的及相关要求。教师根据要求做好教学内容上的准备，了解学生的专业学习情况（初学者、无感性认识），提供教学资源（图纸、教材、手工造型操作视频等），学生学习砂型铸造相关知识，教师及时指导。

（2）讲解与示范

1）教师讲解。

① 分析造型方法：轴承座外形简单，底座孔和轴承座孔的尺寸较小无需通过铸造成形，采用机加工完成即可。所以轴承座采用整模双箱造型。

② 介绍手工造型工具、设备的使用方法。

③ 介绍手工造型过程。

2）操作示范

教师一边按表 8-1 操作过程示范，一边讲解操作要领。

表 8-1　轴承座手工造型操作过程

操作步骤	序号	内　容	图　示
造下型	1	把模型和砂箱放在底板上	
	2	加砂，尖头锤舂砂	
	3	舂满砂箱后再堆高一层砂，用平头锤打紧	
	4	用刮砂板刮平砂箱，并用通针在砂型上扎出气孔	
	5	翻转下箱，用镘刀修平分型面，撒分型砂	
造上型	6	在下箱上放置上箱，安放浇口棒，填砂紧实刮平造上型；取出浇口棒，修出浇口杯	
起模	7	划合箱线；搬开上箱、修整直浇口、刷水；用起模针边敲边起模	

续表

操作步骤	序号	内 容	图 示
修型	8	起模后型腔可能损坏,需修整铸型,并开内浇道	
合箱	9	撒石墨粉、合箱,准备浇注	

（3）模仿与练习

学生按老师操作步骤分小组模仿练习,每组 2～3 人为宜（如工位足够最好一人一工位）。教师巡回指导一般采取个别指导,如发现共性问题可集中讲解指导。在此阶段,对个别接受能力弱的学生,教师还可能要多次示范。

（4）总结与评价

检查砂型质量,评价总结采用小组自评,组间互评和教师评价。教学评价标准见表 8-2。

表 8-2　教学评价标准表

序号	考核要求	配分	评分标准	检验结果	得分
1	准备工作	5	工具、辅具缺一件扣 1 分		
2	舂砂	10	舂砂路线凌乱扣 4 分,型砂紧实度视情况酌情扣分		
3	浇注系统	15	浇口、出气口位置不合理扣 5 分,内浇道形状、尺寸不合理扣 5 分		
4	型腔	35	型腔表面不光洁扣 10 分,每修型一处扣 5 分		
5	分型面	10	分型面平整度不一致视情况酌情扣分		
6	合箱	15	合箱线位置、数量不合理扣 6 分,无合箱线扣 10 分;合箱不准确不得分		
7	学习态度、团队合作、安全文明生产	10	视情况酌情扣分		

教师对整个教学活动进行归纳总结,肯定成绩,指出问题。对一些共性的问题必须再次重申引起重视。如以下两个问题就是手工造型的常见问题。

① 起模时，一些学生未先充分松动木模就直接起模，造成型腔损坏。所以起模时，起模针位置要尽量与木模的重心铅垂方向重合；起模前要用小锤子轻轻敲打起模针的下部，使模型松动后，才能起模。

② 春砂时路线凌乱，甚至撞到木模上。春砂时必须按一定路线进行，否则很难保证砂型各处紧实均匀一致。推荐的春砂路线如图 8-2 所示。

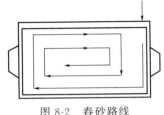

图 8-2　春砂路线

二、四阶段教学法应用实例二

1. 学习项目：引弧及平敷焊操作

（1）教学目的和要求

① 通过定点引弧和引弧堆焊的训练来达到掌握引弧和稳弧操作技能。

② 通过平敷焊熟悉运条及运条方法并掌握焊道的起头、接头、收尾的方法。

③ 分别使用交流、直流弧焊机，体验 E4303 焊条适用于交、直弧焊电源，而 E5015 焊条只适用于直流弧焊电源的焊接状态。

（2）教学资源

① 理实一体化教室或实训室。

② 教材、参考资料：教材《焊接技能实训》、《金工实训》、操作技能视频及相关学习资料等。

③ 中国机械工程学会焊接学会网站，专业课程网站等。

（3）材料、设备及工具

① 焊机：BX3-00，ZX5-400。

② 钢丝刷、去渣锤、焊缝检验尺。

③ Q235 钢板，300mm×200mm×8mm；150mm×150mm×8mm；厚 8mm，面积大于直径 14 mm 的圆面积即可（可利用废料）。

④ 焊条 E4303、E5015，直径 3.2mm 和 4.0mm。

（4）教学评价

过程评价与终结性评价相结合。

① 引弧方法与姿势正确，运条方法正确。

② 焊接工艺参数合理。

③ 焊缝起头平滑、焊缝接头平整、收尾饱满无弧坑。

④ 焊缝尺寸均匀一致、焊缝成形良好。

⑤ 学习态度、团队合作、安全文明生产等。

（5）教学对象

高职机械类专业学生。

（6）教学时间

具体时间安排。

2. 教学过程

（1）组织准备

教师布置工作任务：引弧及平敷焊操作，并具体介绍该任务的教学目的和要求。教师根据教学内容要求做好教学内容上的准备，掌握学生的专业学习情况（初学者、无感性认识），提供教学资源及材料、设备工具（工位、焊机、焊条、母材、去渣锤、焊缝检验尺），学生学习焊接电弧产生及稳弧措施等知识。

（2）讲解与示范

① 教师讲解。教师以常见的"烧电焊"现象引入教学内容，讲解引弧方法和技巧、运条方法、收尾方法、平敷焊操作等基本知识。如表 8-3 为常用运条方法及适用范围。

表 8-3　常用运条方法及适用范围

运条方法		运条示意图	适用范围
直线形运条法			薄板对接平焊 多层焊的第一层焊道及多层多道焊
直线往复形运条法			薄板焊 对接平焊（间隙较大）
锯齿形运条法			对接接头平、立、仰焊 角接接头立焊
月牙形运条法			管的焊接 对接接头平、立、仰焊 角接接头立焊
三角形运条法	斜三角形		角接接头仰焊 开 V 形坡口对接接头横焊
	正三角形		角接接头立焊 对接接头
圆圈形运条法	斜圆圈形		角接接头平、仰焊 对接接头横焊
	正圆圈形		对接接头厚板件平焊
八字形运条法			对接接头厚焊件平、立焊

② 操作示范。

a. 引弧操作姿势示范。蹲式操作，蹲姿要自然，两脚夹角 70°～85°，两脚距离 240～260mm。持焊钳的胳臂半伸开，并抬起一定高度，以保持焊条与焊件间的正确角度，悬空无依托地操作，如图 8-3 所示。

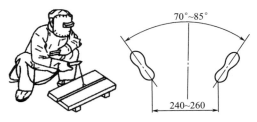

图 8-3　引弧操作姿势

b. 引弧方法示范。引弧有划擦引弧法引弧和直击引弧法引弧两种方法，如图 8-4 所示。

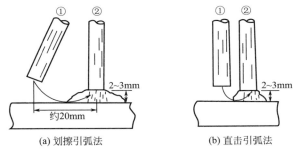

(a) 划擦引弧法　　　　　(b) 直击引弧法

图 8-4　引弧方法

c. 运条方法示范。焊接操作时运条一般要同时完成三个基本动作，即沿焊条中心线向熔池送进；沿焊接方向移动；横向摆动，如图 8-5 所示。

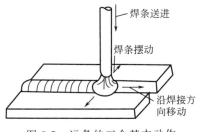

图 8-5　运条的三个基本动作

d. 起头、接头和收尾示范。起头、接头和收尾，如图 8-6 所示。

e. 平敷焊操作示范。平敷焊是在平焊位置上堆敷焊道的一种操作方法。它是焊

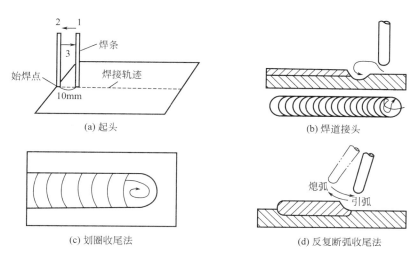

(a) 起头　　　　　　　　　　(b) 焊道接头

(c) 划圈收尾法　　　　　　　(d) 反复断弧收尾法

图 8-6　起头、接头和收尾操作

条电弧焊其他位置焊接操作的基础，如图 8-7 所示。

（3）模仿与练习

学生以每台焊机为一组模仿练习，每组 3～4 人为宜，教师巡回指导。

① 定点引弧操作模仿与练习

a. 先在焊件上按图 8-8 所示用粉笔画线；

b. 然后在直线的交点处用划擦法引弧；

c. 引弧后，焊成直径为 13mm 的焊点后灭弧；

d. 如此不断地重复，完成若干个焊点的引弧训练。

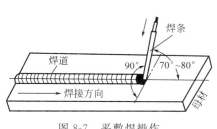

图 8-7　平敷焊操作

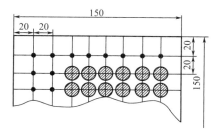

图 8-8　定点引弧

② 引弧堆焊操作模仿与练习

a. 首先在焊件的引弧位置，用粉笔画一个 13mm 直径的圆；

b. 然后用直击引弧法在圆圈内撞击引弧；

c. 引弧后，保持适当电弧长度，在圆圈内作划圈动作 2～3 次后灭弧。待熔化的金属冷却凝固之后，再在其上面引弧堆焊；

d. 如此反复地操作，直到堆起约 50mm 的高度为止，如图 8-9 所示。

③ 平敷焊操作模仿与练习

a. 在焊件上，以 20mm 的间距用粉笔画出焊缝位置线，如图 8-10 所示。

b. 使用直径 3.2 mm 和 4.0mm 的焊条。在 100～200A 范围内调节适合的焊接电流。以焊缝位置线作为运条的轨迹，采用直线运条法和正圆圈形运条法运条。

c. 进行起头、接头、收尾的操作训练。

d. 每条焊缝焊完后，清理熔渣，分析焊接中的问题，再进行另外一条焊缝的焊接。

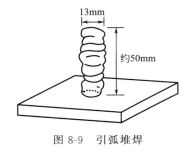

图 8-9　引弧堆焊

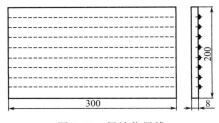

图 8-10　焊缝位置线

（4）总结与评价

检查引弧焊缝和平敷焊缝质量，评价采用小组自评，组间互评和教师评价。教学评价标准见表 8-4。

表 8-4　教学评价标准表

项目	考核要求	分值	扣分标准	检验结果	得分
操作姿势	操作姿势规范	5	不正确不得分		
引弧方法	引弧动作符合要求	5	不正确不得分		
运条方法	运条方法选择得当	5	不正确不得分		
定点引弧方法	方法正确	5	不正确不得分		
引弧堆焊方法	方法正确	5	不正确不得分		
焊缝宽度	10～15mm	10	超差1mm扣2分		
焊缝宽度差	≤2	5	超差1mm扣2分		
焊缝余高	0～3mm	5	超差1mm扣3分		
焊缝余高差	≤2	5	超差1mm扣2分		

续表

项目	考核要求	分值	扣分标准	检验结果	得分
焊缝平直	无明显弯曲	5	不平直不得分		
焊缝接头	不超高且无脱节	5	不平整不得分		
起头焊缝	起头平滑	5	不平滑不得分		
收尾弧坑	弧坑饱满	5	不饱满不得分		
焊缝波纹	波纹均匀、成形美观	20	根据成形酌情扣分		
学习态度、团队合作、安全文明生产	态度端正、团队合作好、能安全文明生产	10	根据成形酌情扣分		

教师对整个教学活动进行归纳总结，肯定成绩，指出问题。经总结在引弧及平敷焊操作中有以下几点值得注意。

① 划擦引弧法比较容易掌握，但在不允许划伤焊件表面的情况下，应采用直击引弧法。直击引弧法容易发生短路现象，操作时焊条上拉太快或提起过高都不易引燃电弧，相反，动作太慢则可能使焊条与焊件粘在一起，造成焊接回路短路。因此要掌握好焊条离开焊件时的速度和距离。

② 在引弧过程中，如果焊条与焊件粘在一起，通过晃动不能取下焊条时，应该立即将焊钳与焊条脱离，待焊条冷却后，就很容易把焊条扳下来。

③ 引弧前，如果将焊条端部的药皮套筒用手（必须戴手套）去除，显露出金属，这样引弧就较为快捷。

④ 焊条向熔池方向送进、焊条沿焊接方向移动、焊条横向摆动三个动作不能机械地分开，应相互协调才能焊出满意的焊缝。

⑤ 焊道起头时应对始焊处预热。从距离始焊点 10mm 左右处引弧，回焊到始焊点。

⑥ 焊道接头时，应在待接头的熔池前 10mm 处引弧，然后拉长弧至接头处稍作摆动，当观察到液态金属与熔池边缘吻合后，焊条立即向前移动进行正常焊接。

三、四阶段教学法应用实例三

1. 学习项目：车削外圆与端面

通过加工图 8-11 所示轴类零件，学习车削外圆与端面技术。

（1）教学目的和要求

① 掌握车削的基本知识与基本技能。

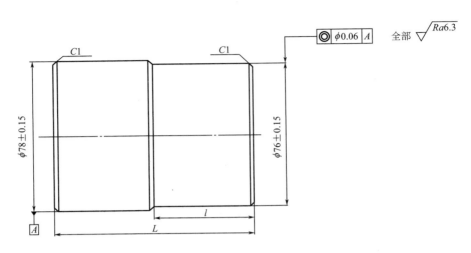

图 8-11　轴类零件

② 掌握工件和车刀的正确安装。

③ 掌握车外圆和车端面的操作方法。

④ 能正确地选用测量工具。

（2）教学资源

① 理实一体化教室。

② 教材、参考资料：教材《车削技能训练》、《机械制造基础》，车削技能录像及相关学习资料等。

③ 中国机械工程学会网站，车削加工相关课程网站等。

④ 轴类零件图及技术要求。

（3）材料、设备及工具

① 车床：CA6140。

② 外圆车刀、游标卡尺、千分尺等。

③ 材料：45 钢、$\phi 85 \times 100$。

（4）教学评价

过程评价与终结性评价相结合。

① 工件安装和车刀装夹正确。

② 车床操作方法正确。

③ 零件尺寸、粗糙度、几何公差符合要求。

④ 车削加工工艺合理。

⑤ 学习态度、团队合作、安全文明生产等。

（5）教学对象

高职机械类专业学生。

（6）教学时间

具体时间安排。

2. 教学过程

（1）组织准备

教师布置工作任务：车削外圆与端面，介绍该任务的教学目的和要求。教师做好教学内容上准备，了解所教学生学情（如已学习了什么技能、什么工艺知识等）及提供相关教学资源准备（教材、视频、图纸等），设备工具完好。学生自主学习车削加工相关知识。

（2）讲解与示范

① 教师讲解。教师简要介绍外圆车刀类型及装夹方法、工件装夹方法、车削工艺、检具使用等知识。结合零件图纸，分析零件加工步骤。

② 操作示范。

教师按如下操作步骤加工示范，一边操作一边讲解要领。

a. 用三爪自定心卡盘夹住工件外圆 20mm 左右，找正并夹紧。

b. 粗、精车大外圆至 $\phi78mm\pm0.15mm$，表面粗糙度 $Ra6.3$，倒角 $1\times45°$。

c. 调头夹外圆并找正。粗、精车平面并保证总长 94mm，外圆粗车至 $\phi76.2\sim\phi76.5mm$、长 45mm。

d. 精车外圆至 $\phi76mm\pm0.15mm$，表面粗糙度 $Ra6.3$，倒角符合图样要求。

e. 检查外径、长度和同轴度达到要求后取下工件。

（3）模仿与练习

学生 2~3 人为一组模仿练习，直至熟练掌握操作过程与操作技巧。教师巡回指导以个别指导为主，注意与学生进行交流、探讨，发现问题及时纠正。如出现共性问题则将全体或部分学生集中指导。视学生模仿与练习情况，教师可决定是否第二次指导或多次指导。在这阶段，学生互相观摩、互相学习，共同提高。

（4）总结与评价

检验加工后零件，评价采用小组总结自评，组间互评和教师评价。教学评价标准见表 8-5。教师对整个教学活动进行总结讲评，肯定成绩，指出问题。

从教学效果来看，不仅提高了学生操作技能，而且还培养了严谨的工作态度，树立了安全文明生产意识，达到了教学目的。

表 8-5　教学评价标准表

序号	考核要求	配分	评分标准	检验结果	得分
1	工件装夹及调整	10	装夹调整不正确扣 5 分		
2	刀具安装正确	10	安装位置不合理扣 3 分，装刀不可靠不得分		
3	尺寸符合要求	20	超差 1 处扣 5 分		
4	同轴度符合要求	10	超差不得分		
5	表面粗糙度符合要求	20	超差 1 处扣 5 分		
6	车削操作工艺合理	20	视情况酌情扣分		
7	学习态度、团队合作、安全文明生产	10	视情况酌情扣分		

四、四阶段教学法应用实例四

1. 学习项目：管对接水平固定 CO_2 焊操作技术

（1）教学目的和要求

① 掌握管对接水平固定 CO_2 焊单面焊双面成形的打底技术。

② 掌握管对接水平固定 CO_2 焊填充层、盖面层操作要领。

③ 能正确选择 CO_2 焊的焊接工艺参数。

（2）教学资源

① 理实一体化教室。

② 教材、参考资料：教材《焊工技能训练》、《焊接工艺》，操作技能视频及相关学习资料等。

③ 中国机械工程学会焊接学会网站，专业课程网站等。

（3）材料、设备及工具

① 焊机：NBC-300。

② 钢丝刷、去渣锤、焊缝检验尺。

③ 焊接材料：焊丝 ER50-6，$\phi 1.0mm$；CO_2，纯度≥99.5%。

④ 材料：20 钢、$\phi 133mm \times 100mm \times 8mm$，管的一侧加工成 30°坡口，钝边 0～1mm。

（4）教学评价

过程评价与终结性评价相结合。

① 焊缝尺寸均匀一致、焊缝成形美观。

② 焊接工艺参数选择合理。

③ 焊缝缺陷不超标。

④ 学习态度、团队合作、安全文明生产等。

（5）教学对象

高职焊接技术与自动化专业学生。

（6）教学时间

具体时间安排。

2. 教学过程

（1）组织准备

教师布置工作任务：定管对接水平固定 CO_2 焊操作技术，并具体介绍该任务的教学目的和要求。教师准备好教材、教参、操作视频等资料及场地（理实一体化教室）、设备（焊机）、材料（焊条、焊件）和工具（去渣锤、焊缝检验尺）等，了解学生学习情况（如技能基础情况、工艺知识情况等）。学生根据教师提供的教学资源，学习 CO_2 焊操作相关知识。

（2）讲解与示范

1）讲解

① 焊枪的摆动方法：为了控制焊缝的宽度和良好的焊缝成形，CO_2 焊焊时，焊枪也要作横向摆动。常用的摆动方法有锯齿形、月牙形、反月牙形、斜圆圈形等几种。焊枪的摆动方法及适用范围见表 8-6。

表 8-6　焊枪的摆动方法及适用范围

摆动方法	摆动形式	适用范围
直线形运丝法	→	焊接薄板或中厚板打底层焊道
小锯齿形摆动法	∧∧∧∧∧∧∧∧∧∧	焊接较小坡口或中厚板打底层焊道
锯齿形摆动法	∧∧∧∧∧∧∧	焊接厚板多层堆焊
斜圆圈形摆动法	ℓℓℓℓℓℓℓℓ	横角焊缝的焊接
双圆圈形摆动法	ℓℓℓℓℓℓ	较大坡口的焊接
直线往复运丝法	←——→	薄板根部有间隙的焊接
反月牙形摆动法	∧∧∧∧∧∧	焊接间隙较大的焊件或从上向下立焊

② 焊接工艺参数选用：焊接电流的大小应根据焊件厚度、焊丝直径、焊接位置及熔滴过渡形式来确定。通常短路过渡时，焊接电流在 50～230A 内选择。细滴过渡时，焊接电流在 250～500A 内选择。电弧电压必须与焊接电流配合恰当，短路过渡时，电弧电压在 16～24V 范围内。细滴过渡时，电弧电压可在 25～36V 之间选择。

生产中，常用经验公式来选用电流、电压值，其经验公式如下：

短路过渡：$I = 18d^2 + 80d$、$U = 0.04I + 16 \pm 1.5$（d 为焊丝直径）

细滴过渡：$I = -11d^2 + 236d$、$U = 0.025I + 24 \pm 2.0$（d 为焊丝直径）

2）操作示范

以图 8-12 所示管对接水平固定 CO_2 焊为例，操作示范。

① 管对接水平固定 CO_2 焊焊件及技术要求如图 8-12 所示。

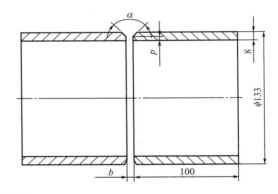

技术要求
1.单面焊双面成形。
2.间隙、钝边自定。
3.定位焊不得在6点处。

图 8-12　焊件及技术要求

② 装配定位。将焊件放入 V 形槽内组装，保持两管同心，错边≤0.5 mm，留间隙 2.2～3.0mm，在管子的 10 点钟和 2 点钟的位置进行定位焊，并将定位焊缝两端用角向砂轮打磨成斜坡状，以利于接头。

③ 确定焊接工艺参数。焊接工艺参数见表 8-7。

表 8-7　焊接工艺参数

焊道层次	电源极性	焊丝直径/mm	焊丝伸出长度/mm	焊接电流/A	电弧电压/V	气体流量/(L/min)
打底焊	反极性	1.0	13～16	100～115	19～21	12～15
填充焊				115～125	21～23	
盖面焊				120～135	21～25	

④ 打底焊。将焊件水平固定在距地面 800～900mm 的高度，保证焊工单腿跪地时，能从 6 点处焊至 9 点或 3 点处；站着时，稍弯腰能从 9 点或 3 点焊至 12 点处。间隙小的一侧放在仰焊位置，先按顺时针方向（也可逆时针方向焊接）焊接管子前半部。焊枪与焊件及焊接方向的角度如图 8-13 所示。

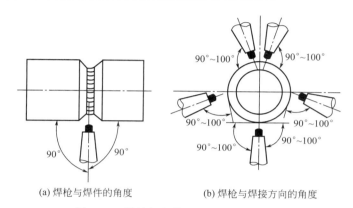

(a) 焊枪与焊件的角度　　(b) 焊枪与焊接方向的角度

图 8-13　焊枪与焊件及焊接方向的角度

在 5～6 点间过 6 点约 10mm 处引弧焊接。焊接时，在仰焊位置为获得较为饱满的背面成形，焊枪小锯齿形摆动的速度稍快，以避免局部高温熔滴下坠，熔孔大小以熔化坡口钝边 0.5mm 为宜；由仰位至立位时，焊枪摆动速度应逐步放慢，并增加电弧在坡口两侧的停留时间；从立位至平位，焊枪在坡口中间摆动速度要加快，坡口两侧适当停顿，并适当减小熔孔尺寸，以防止管子背面焊缝超高；焊至顶部 12 点位置时不应停止，要继续向前施焊 5～10mm。

顺时针方向焊完管子的前半部后，用角向砂轮对始焊处和终焊处打磨成斜坡状，然后再继续管子后半部的焊接，操作方法与前半部的焊接相同。

⑤ 填充焊。将打底层表面的飞溅物清理干净，磨平接头凸起处，即可引弧焊接。焊枪角度与打底焊基本相同，但焊枪锯齿形摆动幅度要大些，并注意坡口两侧适当停顿，保证焊道与母材的良好熔合。控制填充量，使其焊道表面距离管子表面 1.5～2mm，不得熔化坡口棱边。

⑥ 盖面焊。盖面层焊接的操作方法与填充层相同，但焊枪的摆动幅度应大于填充焊。焊接时电弧在坡口两侧停顿稍短，回摆速度稍慢，使熔池边缘熔化棱边 1mm 左右。注意运丝速度要均匀，熔池间的重叠量要一致，方能保证焊缝成形美观。

（3）模仿与练习

学生以 2～3 人为一组模仿教师的操作进行练习，教师巡回指导。巡回指导时，教师要特别注意学生的操作是否规范，发现问题及时指正。根据学生掌握状况，教师可能还要多次示范。

（4）总结与评价

检查焊接试件。评价采用小组总结自评，组间互评和教师评价。教学评价标准见表 8-8。

表 8-8　教学评价标准表

项目	考核技术要求	分值	扣分标准	得分
焊缝外观质量	正面焊缝余高$(h)0 \leq h \leq 3$	5	超差不得分	
	背面焊缝余高$(h)0 \leq h \leq 2$	5	超差不得分	
	正面焊缝余高差$(h_1)0 \leq h_1 \leq 2$	5	超差不得分	
	正面焊缝每侧比坡口增宽 $1 \sim 2$	5	超差不得分	
	焊缝宽度差$(c_1)0 \leq c_1 \leq 2$	5	超差不得分	
	咬边缺陷深度 $F \leq 0.5$	5	每 $4mm$ 扣 1 分,超差不得分	
	未焊透无	5	出现缺陷不得分	
	错边量 ≤ 0.8	5	超差不得分	
	焊瘤无	5	出现缺陷不得分	
	气孔无	5	出现缺陷不得分	
	焊缝表面波纹细腻、均匀,成形美观	10	根据成形酌情扣分	
X 射线探伤	Ⅰ级片	30	Ⅰ级片有缺陷扣 5 分	
	Ⅱ级片		扣 10 分	
	Ⅲ级片		扣 20 分	
安全文明生产	按安全生产法规有关规定考核	5	视违反规定的程度扣 $1 \sim 5$ 分	
学习态度、团队合作	态度端正、团队合作好	5	根据情况酌情扣分	

教师对整个教学活动进行总结讲评，肯定成绩，指出问题。同时对难点和重点可能还要进行反复讲解。经总结，有以下几点值得注意。

① 管对接水平固定 CO_2 焊时，焊接位置由仰位到平位不断发生变化，焊枪角度和焊枪横向的摆动速度、幅度及在坡口两侧停留时间均应随焊接位置的变化而变化。

② 为保证背面焊缝的良好成形，控制熔孔大小是关键，在不同的焊接位置熔孔尺寸应有所不同。仰焊位置，熔孔应小些，以避免液态金属下坠而造成内凹；立焊位置有熔池的承托，熔孔可适当大些；平焊位置液态金属容易流向管内，熔孔应小些。

③ CO_2 焊接突出缺陷是飞溅较大，焊接前，可以使用飞溅防黏剂涂抹在接缝两侧 $100 \sim 150mm$ 范围内；使用喷嘴防堵剂涂在喷嘴内壁和导电嘴端面，以消除飞溅带来的不利影响。

④ CO_2 焊为明弧焊，对人体的紫外线辐射强度比焊条电弧焊要强约 30 倍，容易引起电光眼及皮肤裸露的灼伤，因此，工作时要穿戴好劳动保护用品。

第九章 角色扮演教学法及应用

第一节 角色扮演教学法及特点

角色扮演教学法，就是在教学过程中，根据教学内容，让学生扮演角色，进入角色，体验角色职业岗位工作，从而学习角色职业岗位的相关知识与技能的一种教学方法。

角色扮演教学法，就是教师预先设计好一个工作任务（项目），学生根据实施要求在仿真的环境中扮演不同的角色，通过不同角色间的协同配合，共同按时、按质、按量完成工作任务，以达到学习、理解、掌握知识与技能的目的。角色扮演教学法能较好地培养、提高学生分析问题和解决问题的能力。

角色扮演教学法有以下几个特点：

（1）角色扮演教学法有利于充分调动学生学习积极性

针对高职学生学习基础较差、自信心不足的特点，采用角色扮演教学法能充分调动其参与的积极性。学生为了获得较高的评价，往往会充分表现自我，学习主动性大大提高，有利于获得良好的教学效果。再者角色扮演教学法生动有趣、简单易行，带有娱乐性，学生乐于参与全过程。

（2）角色扮演教学法有利于培养学生的综合职业能力

角色扮演教学法中，角色扮演者站在扮演的角色角度来思考问题，更能加深对角色的认识与理解，而且各角色之间也需要良好的配合、交流与沟通，使课堂教学变成"动脑、动口、动手、动情"的活动，有利于培养学生的沟通、自我表达、相互认知以及集体荣誉和团队协作等综合职业能力。

（3）角色扮演教学法有利于提高学生的教学效果

角色扮演教学法中，角色扮演者通过扮演角色体验了职业岗位工作任务的知识、技能及素养要求，获取了职业工作的经验与体会；观察者则（观看表演而不亲自扮演角色的学生）通过观看一个个生动的案例和同学们栩栩如生的表演以及对角色扮演的评价，思考自己面对这种情境的解决问题的方案。扮演者与观察者之间互相启发、互相交流，强化了教学内容的理解和记忆，提高了教学效果。

（4）角色扮演教学法有利于培养学生的创新思维

角色扮演是在模拟状态下进行的一种可反馈的反复行为，是在没有风险而逼真的环境中去体验、练习各种技能的一种方法，没有实际工作中因决策或实施失误带来的各种风险顾虑，所以学生在做出决策或行动时往往可突破限制，尽可能地按照自己的意愿去完成，有利于启迪思维、发掘创造力，培养学生的创新意识及创新思维能力。

（5）角色扮演法对教师要求较高

角色扮演法要求教师具有较强的设计、组织、协调能力，以避免"表演"出现简单化、表面化和虚假化等现象，使学生得不到真正的锻炼提高机会，这就要求教师必须有扎实的理论知识、丰富的实践经验、较强的教学技能、娴熟的课堂驾驭能力。角色扮演法中，教师要注意防止个别学生"抢戏"突出个人的过度表现行为而影响团队整体合作性。

第二节　角色扮演教学法的实施过程

角色扮演教学法一般包括准备阶段、角色分工、角色扮演、组织讨论和总结评价与推广五个阶段。

1. 准备阶段

（1）教师根据教学内容给学生布置工作任务，要求学生以表演的形式反映内容，并简要介绍实施过程与要求。

（2）教师根据教学内容，准备以及提供有关教学资源。

（3）学生根据教学资源，收集相关信息，学习相关知识。

2. 角色分工

学生分组讨论，构思脚本，布置场景，决定角色分工以及准备道具。以学生为主，教师适时指导。

（1）根据工作任务，学生自行讨论、构思脚本、布置场景及道具。

（2）分组分工。以每组 4～8 人为宜，每组都有扮演者和观察者。最好根据各自特长分工，做到组内成员优势互补。

（3）确定"演员"。教师与学生分析各角色的特性，确定角色扮演者。有时为了获得更好的效果，教师也可指定学习较好的同学担任"演员"。

（4）观察者（旁观者）亦不应忽略。观察者做好观察表演、记录准备。

3. 角色扮演

"演员"各就各位，按脚本"表演"。"表演"做到真实和自然，以达到真实反映职业工作与生活，表演一旦偏离或产生原则性错误老师要及时纠正。观察者仔细观察表演、思考，并做好记录。这一阶段观察者往往易被忽视，所以教师要及时关注观察者对活动的反应，出现问题适时调整。有条件可制作视频。

4. 组织讨论

组织讨论，就是演出后组织讨论谈感受，这个阶段是角色扮演法的最重要阶段。

角色扮演者谈扮演体会与感受，观察者谈观察感受或对角色扮演者提出建议或意见。讨论不仅要谈角色扮演的内容，而且还要讨论工作情境模拟是否合适，扮演者工作态度以及小组合作等方面。讨论以学生为主，教师可根据讨论情况，适当加以引导、指导，使之不偏题、跑题。

5. 总结评价与推广

评价的目的在于了解目标达到与否，通过评价肯定成绩，指出不足。评价包括自评、互评和教师评价。总结出的角色扮演经验与体会，应推广到其他学习环境或学习领域中。

需要注意的是，如果需要，可增加一次或几次演出与讨论，让大家交换角色进行扮演与讨论，以体验不同的感受，从而获得完整的、全面的信息反馈。

第三节 角色扮演教学法的应用实例

一、角色扮演教学法应用实例一

1. 学习项目：焊缝外观检验技术

图 9-1 为压缩空气储气罐产品图，以该空气储气罐上的对接焊缝和角焊缝为检验焊缝来学习焊缝的外观检验技术。

（1）教学目的和要求

① 了解焊接检验的分类及特点；

② 掌握焊缝外观质量的检验方法和技能；

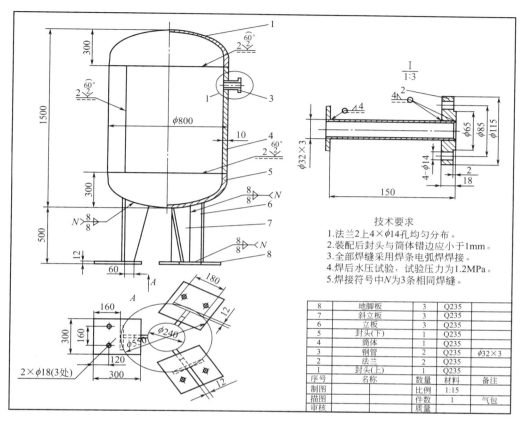

图 9-1 压缩空气储气罐

③ 掌握焊缝检验尺、钢直尺、焊缝检验样板等检具的使用方法;

④ 了解焊接缺陷的分类及特性。

（2）教学资源

① 理实一体化教室或工厂现场。

② 教材、参考资料:《焊接检验》、《焊接工艺》以及压缩空气储气罐图纸等相关资料。

③ 中国机械工程学会焊接学会网站,压力容器网站等。

④ 压缩空气储气罐图纸及技术要求。

（3）材料、设备及工具

① 焊缝检验尺、钢直尺、焊缝检验样板、钢丝刷等。

② 压缩空气储气罐产品。

（4）教学评价

① 焊缝检验尺、钢直尺、焊缝检验样板等检具的使用方法正确。

② 焊缝外观检验数据正确。

③ 焊缝检验过程符合有关要求。

④ 学习态度端正、团队合作良好等。

（5）教学对象

高职焊接技术与自动化、理化测试与质检技术专业学生。

（6）教学时间

具体时间安排。

2. 角色扮演教学法过程

（1）准备阶段

教师以角色扮演的形式来组织学生"学习焊缝外观检验技术"，即通过学生扮演检验员来检验空气储气罐上的对接焊缝和角焊缝的焊缝外观质量，以达到掌握焊缝外观检验知识与技能的目的。教师在这阶段要设计、营造好表演环境，使表演环境与生产实际尽量一致，如在一体化教室或实训现场进行，同时提供《焊接检验》、《焊接工艺》教材以及压缩空气储气罐图纸等资料。学生要了解焊接检验员职业环境、岗位工作任务及焊接检验有关知识，为角色扮演做好准备。

（2）角色分工

学生以 6～8 人为一组，讨论确定检验流程，每组确定焊接检验员和记录员的角色扮演者各一名。扮演者和旁观者各自做好自己的准备工作。检验员和记录员角色的扮演者做好检验工具完好、检验记录表格齐全、表演环境符合要求等准备；旁观者做好观察、记录评价准备。

（3）角色扮演

每组轮番表演，每组检验员角色的扮演者按要求对空气储气罐上的对接焊缝和角焊缝的焊缝外观质量进行检验和判断，并做好对接焊缝的宽度、宽窄差，余高、高低差，角焊缝焊脚，焊缝表面焊接缺陷（气孔、夹渣、焊瘤、咬边）及焊缝表面成形的情况记录。

旁观者仔细观察扮演者的表演，判断扮演的真实性，裁决这件事处理的对错、决策水平的高低。同时可思考一下：假如我是这个检验员应该怎么做？

图 9-2 所示为焊缝检验尺，图 9-3 所示为焊缝检验尺测量焊缝宽度，图 9-4 所示为焊缝检验尺测量角焊缝焊脚，图 9-5 所示为焊缝检验尺测量焊缝余高。

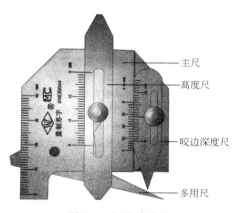

图 9-2　焊缝检验尺

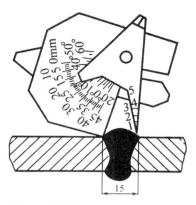

图 9-3　焊缝检验尺测量焊缝宽度

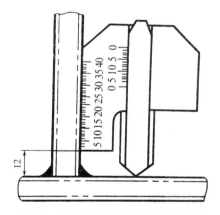

图 9-4　焊缝检验尺测量角焊缝焊脚

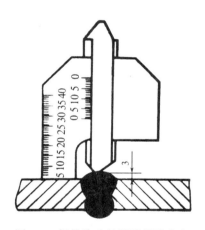

图 9-5　焊缝检验尺测量焊缝余高

（4）组织讨论

表演结束后，扮演者与旁观者一起讨论。讨论时先由检验员角色的扮演者发言，表达自己演出时的感受和体会以及演出过程中自我感觉的不足之处。旁观者则从角色扮演的把握性（像不像检验员）、角色的行为表现（操作规范不规范）、安全文明生产等方面谈观察感受，哪些做得较好，哪些做得不足，我认为应该怎样做才对。通过讨论加深了对焊缝外观质量知识的了解，学会了焊缝外观检验技术的相关技能。

（5）总结评价与推广

评价包括自评、小组互评和教师评价，并填写评价表，见表 9-1。通过评价肯定成绩，指出不足。如果条件允许，表演时把各组表演录制视频，评价时再进行回放，评价效果更好。最后教师作总结，不足之处下次改进，好的经验可推广到其他学习领域中去。

表 9-1　焊缝外观检验技术教学评价表

评价内容	要求	评定		
		自评	组评	师评
焊缝检具的使用	使用方法符合要求 □ 是　　□ 需改进　□ 否			
焊缝检测过程	符合规范要求 □ 是　　□ 需改进　□ 否			
焊缝外观缺陷的判断	判断是否正确 □ 是　　□ 需改进　□ 否			
焊缝尺寸测量的准确度	焊缝尺寸测量的误差 □ 大　　□ 小　　　□ 无			
学习态度与团队合作	学习态度与团队合作 □ 好　　□ 一般　　□不好			
角色扮演过程	整个角色扮演过程 □ 好　　□ 较好　　□ 一般			
意见与反馈				

二、角色扮演教学法应用实例二

1. 学习项目：游标卡尺检测技术

以图 9-6 所示阀盖为例，通过测量图示尺寸，学习游标卡尺的检测技术。

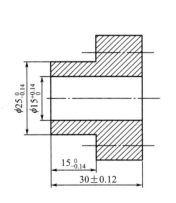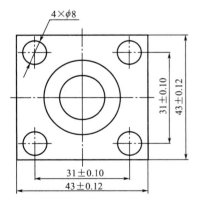

图 9-6　阀盖

（1）教学目的和要求

① 熟悉游标卡尺原理和结构。

② 能正确使用游标卡尺检测工件尺寸。

（2）教学资源

① 理实一体化教室或工厂现场。

② 教材、参考资料：《公差配合与技术测量》《钳工实训》以及常用检具使用视频等相关资料。

③ 中国机械工程学会网站、相关检具网站等。

④ 阀盖图纸及技术要求。

（3）材料、设备及工具

① 45 钢阀盖。

② 精度 0.02 mm 的游标卡尺若干把。

（4）教学评价

① 游标卡尺的正确使用。

② 各尺寸测量读数正确。

③ 游标卡尺的校对零位。

④ 学习态度端正、团队合作良好等。

（5）教学对象

高职机械类专业学生。

（6）教学时间

具体时间安排。

2. 角色扮演教学法过程

（1）准备阶段

① 教师布置工作任务："学习游标卡尺的检测技术"，要求学生通过扮演检验员，使用游标卡尺来测量阀盖的尺寸，以达到掌握游标卡尺的正确使用的目的。

② 教师根据教学内容，提供有关教学资源（一体化教室、游标卡尺、教材教参、专业网址、游标卡尺使用视频等）。

③ 学生根据教学资源，收集检验及游标卡尺等检具的相关信息，学习游标卡尺的结构、操作、读数、校零、应用等知识，了解企业产品检验员的职业环境与岗位工作任务等内容。

④ 教师根据需要，可适时介绍游标卡尺使用要领。图 9-7 所示为带深度尺的游标卡尺。图 9-8 为游标卡尺的测量示例。

（2）角色分工

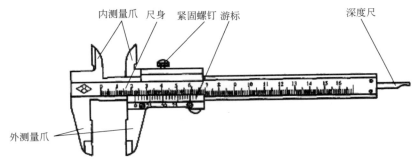

图 9-7 带深度尺的游标卡尺

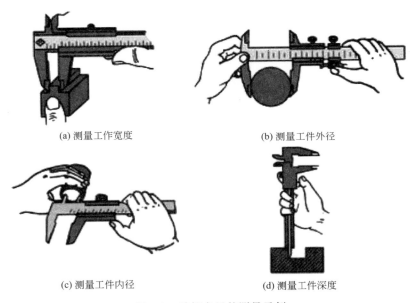

(a) 测量工作宽度　　　　　　　　　　(b) 测量工件外径

(c) 测量工件内径　　　　　　　　　　(d) 测量工件深度

图 9-8 游标卡尺的测量示例

学生以 4～5 人为一组，讨论确定表演方式，组内轮流每人扮演一次检验员；讨论确定测量检验流程；扮演者、观察者、记录员各自做好表演前的最后准备工作。

（3）角色扮演

以小组为单位，组内成员轮番扮演检验员检测阀盖几何尺寸，记录员记录相关数据，旁观者则仔细观察扮演者的检测过程是否合理、检验方法是否正确等。如有不同意见可组内讨论解决，如组内不能达成一致，可与老师讨论解决。阀盖几何尺寸检测流程如下：

① 清理　测量前，将量具和工件的测量面擦干净，减少量具磨损，以免影响

测量精度。

② 校零　测量前应校零检查其准确性。松开紧固螺钉，将游标卡尺量爪两测量面合拢贴合，透光检查其主尺与副尺游标的零线是否对齐，若未对齐，则可能游标卡尺的两测量面已有磨损，测量的数值不准，该尺不能使用。

③ 用外量爪测量（$\phi25$、30、43）　将两外量爪张开到略大于被测尺寸，把固定量爪的测量面贴靠着工件，然后轻轻移动副尺，使活动量爪的测量面也贴合工件，然后拧紧紧固螺钉，读出游标卡尺的读数作好记录。

④ 用内量爪测量孔径（$\phi15$、$\phi8$）　将两内量爪张开到略小于被测尺寸，把固定量爪的测量面贴靠着工件，然后轻轻移动副尺，使活动量爪的测量面也紧贴工件，然后拧紧紧固螺钉，读出游标卡尺的读数作好记录。

⑤ 用深度尺测量台阶高（15）　把主尺的测量面紧贴着工件孔端面，再将深度尺轻轻移动到台阶底面，拧紧紧固螺钉后读出游标卡尺的尺寸，并记录。

⑥ 测量两孔的中心距（31）　用游标卡尺测量两孔的中心距有两种方法：一是先用游标卡尺分别量出两孔的内径，再测出两孔内表面之间的最大距离，计算得之；二是先分别量出两孔的内径，然后量出两孔内表面之间的最小距离，计算得之。

（4）组织讨论

表演结束后，扮演者与旁观者一起讨论。小组组织讨论有两种方法：一是每一位同学扮演完后就组织一次讨论；二是小组成员轮流扮演完后，集中组织讨论。讨论要畅所欲言，检验员角色的扮演者表达自己演出时的感受和体会以及演出过程中自我感觉的不足之处。旁观者则从角色扮演的把握性（像不像检验员）、角色的行为表现（检验操作规范不规范）、安全文明生产等方面谈观察感受。通过讨论加深了对几何尺寸检测知识的了解，学会了游标卡尺读数及其检验的相关技能。

（5）总结评价与推广

评价包括自评、小组互评和教师评价，并填写评价表，评价表见表9-2。通过评价肯定成绩，指出不足。如果条件允许，表演时可录制视频，评价时再进行回放，评价效果会更好。最后教师作总结，不足之处下次改进，好的经验可推广到其他学习领域中去。通过总结评价有以下几点值得注意：

① 游标卡尺读数时，应视线垂直于刻线表面，避免由斜视角造成的读数误差。

② 游标卡尺使用过程中，测力要适当，不允许测量运动中的工件。长工件应多测几处。

③ 游标卡尺不能与其他工具、量具放在一起，以免碰坏。用完后，应仔细擦净，抹上防护油，保持主尺和副尺量爪之间 $0.1\sim0.2$mm 间隙，平放在专用盒内。

表 9-2　游标卡尺检测技术教学评价表

序号	评价项目	配分	评价标准	评价结果	得分
1	清理与校零	10	缺一项扣 5 分		
2	测量孔径 $\phi15$、$\phi8$	10	每项 5 分,尺寸读数不正确不得分		
3	测量 $\phi25$、30、43	15	每项 5 分,尺寸读数不正确不得分		
4	测量台阶高 15	5	尺寸读数不正确不得分		
5	测量两孔的中心距	20	每项 5 分,尺寸读数不正确不得分		
6	游标卡尺使用、保养	10	视情况酌情扣分		
7	教学过程表现(扮演者、观察者、记录员)	20	视情况酌情扣分		
8	学习态度与团队合作	10	视情况酌情扣分		
9	总分				
意见与反馈					

第十章 ▶▶

其他教学法及应用

第一节 卡片展示教学法

一、卡片展示教学法及特点

卡片展示教学法，就是学生或教师（主要是学生）通过添加、移动或替换贴在展示板（黑板、白板、硬泡沫塑料板、木板）上的有关教学内容的卡片，来进行讨论并得出解决问题方案的一种研讨式教学方法。由于教学过程是通过改变贴在展示板上不同内容的卡片进行的，因此也称为张贴板教学法。

卡片展示教学法主要有以下几个特点：

1. 有利于调动学生的学习积极性

卡片展示教学法中，写卡片、上台贴卡片、移动卡片、换卡片以及分析卡片、讨论卡片等，都是学生自己动手，能充分调动学生的学习主动性和积极性，教学效果较好。

2. 有利于信息反馈

卡片展示教学法中，表达展示思考讨论的意见或建议，只需写在卡片上，将卡片贴上替换即可（毕要时还可重新贴上），较好地克服了传统教室黑板上内容修改不便保存记录及不便归类与整理的缺点，信息反馈直接明了，有利于学生互相启发，能在短时间里获得较多的信息。

3. 有利于学生综合职业能力的培养

卡片展示教学法中，既有学生学习的过程，又有学生分析问题、讨论问题的过程，能促使学生开动脑筋、激发思维、集思广益获得解决方案，有利于学生综合职业能力的培养与提高。

4. 应用范围广

卡片展示教学法既可单独使用，也可与其他教学方法配合使用。卡片展示几乎是职业教育各种教学方法中的基本方式，应用范围广。

二、卡片展示教学法实施过程

卡片展示教学法的教学过程由以下几步进行。

（1）准备阶段

教师根据教学内容，做好教学准备工作，包括本次教学的题目、教学内容、教学目的和要求、教学流程、教学学时安排，提供相关教学资源等。

（2）布置任务

教师向学生布置任务、介绍任务，并用彩色记号笔写在较大的卡片上，张贴在展示板中间顶部醒目位置。教师或直接或用案例或通过复习前学内容来引入新的学习任务。

（3）获取信息

学生以 4～6 人为一小组自主学习，通过学习相关知识获取信息。小组讨论时，每组学生把自己讨论的观点以关键词的形式写在卡片上，由学生代表或教师贴在展示板上指定位置。一般一张卡片只能写一种意见，允许学生写多张卡片。教师根据需要，在小组学习前或讨论中适当讲解相关内容，并答疑解惑。

（4）讨论与整理

各小组畅所欲言、各抒己见，并阐述理由。学生通过分析、讨论和研究，对贴在展示板上卡片可以采用添加、移动或替换方式，以表达最新的意见。师生共同对卡片整理归类，初步形成共识。教师要注意把控讨论流程、时间和方向。

（5）评价与总结

① 给每个学生发评价圆点（如不干胶彩色圆点）对展示板上卡片进行评价，即每个学生把评价圆点贴到自己认为最好的卡片上，评价圆点较多的卡片观点，即可认为是大家较为一致的主要观点。

教师将主要观点卡片放在主要位置（中心位置）。为了与其他观点相区别，也可用不同颜色区分，如红色代表主要观点，蓝色、绿色、黑色等代表次要观点。

② 对学生学习结果和学习过程进行评价，采取自评、互评和教师评价相结合。

③ 教师最后总结，得出结论，学生记录结果。同时肯定成绩，指出问题。

在卡片展示教学法中，特别要注意教师的角色转换，已从传统意义上的教师变为教学过程的主持人、指导者。

三、卡片展示教学法应用实例一

1. 学习项目：冷冲模失效原因分析

（1）教学目的和要求

① 理解模具失效形式及特点。

② 掌握冷冲模失效的原因。

③ 通过对冷冲模失效原因分析，掌握提高模具寿命措施。

（2）教学资源

① 理实一体教室或便于分组讨论的多媒体教室。

② 教材、参考资料：教材《冲压工艺及模具设计》、《模具材料及表面处理》及相关学习资料等。

③ 失效模具实物或模具失效照片或图片等。

④ 中国机械工程学会模具学会网站，模具课程网站等。

（3）材料、设备及工具

① 展示板及书写卡片。

② 写字笔、记号笔、评价圆点和剪刀等。

（4）教学评价

① 指出冷冲模失效的具体因素多少。

② 冷冲模失效原因分析的正确程度。

③ 学习态度端正、团队合作良好与否等。

（5）教学对象

高职模具设计与制造专业学生。

（6）教学时间

具体课时安排。

2. 卡片展示教学法过程

（1）准备阶段

教师做好教学准备工作，具体有以下几方面：学习任务、教学目标、教学内容、教学课时安排，提供该项目相关教学资源，准备好展示板及书写卡片等教学工具。

（2）布置任务

教师以人的寿命→模具寿命→模具失效→冷冲模失效原因，引入新课。教师向学生布置学习项目："冷冲模失效原因分析"，并将学习项目写在卡片张贴在展示板上。教师向学生明确该学习项目的教学目标与要求，介绍卡片展示教学的教学流程及自学、讨论、评价等时间安排。

（3）获取信息

① 将学生每 4～6 人为一组，并选出一个代表。

② 教师简要介绍"模具失效形式及特点"等相关知识，同时答疑解惑。

③ 根据提供的教学资源，学生以小组为单位学习、讨论、收集冷冲模失效原因相关信息，每小组把自己讨论的意见以关键词的形式写在卡片上，并由小组学生代表贴在展示板上。如有的认为冷冲模失效的原因是模具结构不合理，有的认为是热处理工艺不当，还有的认为与冲床的精度与冲压速度有关等，这些都可以以卡片形式张贴到展示板上。为便于整理，一张卡片只能表明一种观点，如果观点较多可多写几张卡片。

（4）讨论与整理

各小组对本组展示在展示板上的观点进一步分析、讨论和研究，可以采取添加、移动或替换方式进行修改与完善，以表达最新的意见。也可对其他小组展示在展示板上的观点进行分析讨论，提出不同意见。学生畅所欲言，充分讨论。教师主要答疑及把控方向和时间，使之不跑题、偏题或冷场。师生共同对卡片进行整理、合并归类。

（5）评价与总结

学生用评价圆点对展示板上卡片进行评价。每个学生把评价圆点贴到自己认为正确的卡片上，评价圆点较多的卡片观点，即是大家讨论一致的观点。

经教师与学生对展示板上卡片观点进行总结、归类整理，大家认为冷冲模失效的原因主要是：模具结构不合理，模具材料选择不当，热处理工艺不当，加工工艺不当、冲床精度、润滑及使用等方面。

① 模具结构不合理：强度、刚度（薄弱部分应加强），凸凹模间隙合理，导向形式与导向机构……

② 模具材料选择不当：材料强度、刚度，承受冲击、振动，耐磨，变形……

③ 热处理工艺不当：退火，粗加工后回火，精加工淬火回火，线切割后低温回火……

④ 加工工艺不当：车铣，线切割，研磨，表面粗糙度……

⑤ 冲床及使用：设备精度，润滑，冲压速度……

教学过程评价采取学生自评、互评及教师评价相结合。教师评价总结既要肯定成绩，又要指出问题，更要指出问题的改正方法。"冷冲模失效原因分析"教学评价见表 10-1。

表 10-1 "冷冲模失效原因分析"教学评价表

评价内容	要求	评定		
		自评	组评	师评
模具结构不合理	是否准确找出原因 □ 是　　□ 一般　　□ 否			
模具材料选择不当	是否准确找出原因 □ 是　　□ 一般　　□ 否			
热处理工艺不当	是否准确找出原因 □ 是　　□ 一般　　□ 否			
加工工艺不当	是否准确找出原因 □ 是　　□ 一般　　□ 否			
冲床及使用	是否准确找出原因 □ 是　　□ 一般　　□ 否			
学习态度与团队合作	学习态度与团队合作 □ 好　□ 一般　□不好			
意见与反馈				

四、卡片展示教学法应用实例二

1. 学习项目：CO_2 焊产生气孔的原因

（1）教学目的和要求

① 掌握 CO_2 焊原理和特点。

② 掌握 CO_2 焊产生气孔的原因及影响因素。

③ 掌握防止 CO_2 焊气孔产生的具体措施。

（2）教学资源

① 理实一体教室或便于分组讨论的多媒体教室。

② 教材、参考资料：教材《焊工方法与设备》、《焊接工艺》及相关学习资料等。

③ 中国机械工程学会焊接学会网站，课程网站等。

（3）材料、设备及工具

① 展示板及书写卡片。

② 写字笔、记号笔、评价圆点和剪刀等。

（4）教学评价

① 指出产生气孔原因的因素多少。

② 得出产生气孔原因的正确程度。

③ 学习态度端正、团队合作良好与否等。

（5）教学对象

高职焊接技术与自动化专业学生及其他机械类专业学生。

（6）教学时间

课时安排。

2. 卡片展示教学法过程

（1）准备阶段

教师根据教学内容，做好教学准备工作，包括本次教学学习的项目题目、教学内容、教学目的和要求、课时安排以及与教学内容"CO_2 焊产生气孔原因"的相关教材、教参、专业网站等教学资源。同时准备好展示板及书写卡片等教学工具。

（2）布置任务

教师向学生布置学习题目，即 CO_2 焊产生气孔的原因，将题目写在卡片上并张贴在展示板上。同时向学生明确教学目的与要求，规定各阶段学习讨论时间等。教师可提醒学生回忆："焊接产生气孔的原因有哪些""CO_2 焊有什么特点"等相关知识引入新课。

（3）获取信息

每 4～6 人为一组，并选出一个代表。以小组为单位学习、讨论、收集相关信息，每小组把自己讨论的意见以关键词的形式写在卡片上，并由小组学生代表贴在展示板上。注意一张卡片只能写一种意见，但允许学生写多张卡片。如有的组认为 CO_2 焊产生气孔原因是 CO_2 保护气体不纯、水分过多所致，就可在卡片上写下"CO_2 保护气体不纯"；如还认为焊丝表面有锈迹就可在卡片上写下"焊丝表面生锈"，多写不限。

（4）讨论与整理

各小组可对本组展示在展示板上的观点进一步分析、讨论和研究，也可对其他小组展示在展示板上的观点进行分析、讨论和研究。如有最新观点，可对贴在展示板上卡片通过添加、移动或替换方式加以调整。如某组第一次在卡片上写下"焊丝与母材不匹配"，后经分析认为"焊丝含碳量偏高"更准确，就可用写有"焊丝含碳量偏高"的卡片取而代之。师生共同对卡片进行整理、合并归类。

（5）评价与总结

给学生发评价圆点，数量根据内容而定，对在展示板上卡片进行评价。每个学生把评价圆点贴到自己认为正确的卡片上，评价圆点较多的卡片观点，即为是大家认可的主要观点。

教师与学生对展示板上卡片所显示的观点进行总结、归类整理，大家认为 CO_2 焊产生气孔原因主要有以下七个因素：保护气体有缺陷，母材、焊丝表面有缺陷，母材、焊丝选用不当，焊接设备和附属装置不当，焊接位置不当，焊接规范不当和现场环境影响。可用因果图总结表示，如图 10-1 所示。

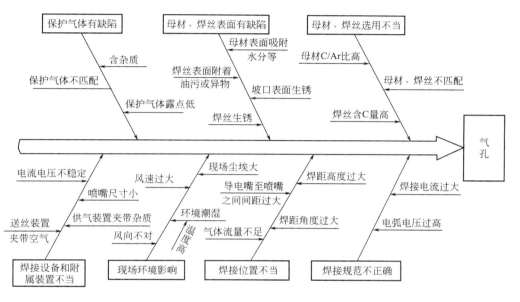

图 10-1 CO_2 焊产生气孔原因因果图

教学过程采取学生自评、互评及教师评价相结合，特别是教师既要肯定成绩，又要指出问题，以便下次做到更好。"CO_2 焊产生气孔的原因"教学评价见表 10-2。

表 10-2 "CO_2 焊产生气孔原因"教学评价表

评价内容	要求	评定		
		自评	组评	师评
保护气体有缺陷	是否准确找出原因 □ 是　　□ 一般　□ 否			
母材、焊丝表面有缺陷	是否准确找出原因 □ 是　　□ 一般　□ 否			
母材、焊丝选用不当	是否准确找出原因 □ 是　　□ 一般　□ 否			

续表

评价内容	要求	评定		
		自评	组评	师评
焊接设备和附属装置不当	是否准确找出原因 □ 是　　□ 一般　　□ 否			
焊接位置不当	是否准确找出原因 □ 是　　□ 一般　　□ 否			
焊接规范不当	是否准确找出原因 □ 是　　□ 一般　　□ 否			
现场环境影响	是否准确找出原因 □ 是　　□ 一般　　□ 否			
学习态度与团队合作	学习态度与团队合作 □ 好　　□ 一般　　□不好			
意见与反馈				

第二节　头脑风暴教学法

一、头脑风暴教学法及特点

头脑风暴（Brain Storm）教学法简称"BS教学法"，就是教师引导学生以小组形式、以会议的方式就某一课题自由地无限制地发表意见或建议，以在最短时间内获得尽可能多的解决问题方案的一种教学方法。

在头脑风暴教学法中，不管是老师还是学生，都不允许对同学的想法或观点做评价（至少推迟到会后评价），让学生自由无约束地提出自己的设想或方案，甚至可以异想天开，这样就能突破固有观念束缚、克服思考禁区，有利于激发学生创造性的思维能力，从而促进问题的解决。

在头脑风暴教学法中，由于是会议形式的集体讨论，某个人的新观点可能会引起他人的联想，在连锁反应下，又会激起或启发更多人提出更多的新观念或新设想，为问题的解决提供了更多的可能性。这就是这种方法之所以有效的一个主要原因。

二、头脑风暴教学法的实施过程

1. 准备阶段

教师根据学习项目（课题），做好教学准备工作。包括：

（1）教学目的和要求、教学流程、教学学时安排，相关教学资源，必需的设备、工具，教室座位布置等。

（2）对教学中可能会出现的问题预先想好对策。如头脑风暴进展迟缓、讨论频率减少甚至冷场时，教师可以提出什么观点？提出什么问题？以激发学生思维。

2. 开始阶段

（1）教师布置学习项目（课题），说明本课题的教学目的和要求，介绍提供的教学资源。

（2）教师解释"头脑风暴教学法"的实施流程。

（3）分组分工。分组可由教师安排或学生自由组合。一般头脑风暴教学小组以6～10人较合适。小组成员中最好能搭配有1～2位思维能力较强的人，以便激发他人的思考。

（4）学生根据教学资源，自主学习相关教学内容，教师适时指导。如果必要教师可集中讲解。

3. 提出设想阶段

学生根据课题，以小组讨论形式表达各自的想法、建议，提出解决问题的设想，并作记录，做到畅所欲言，敢想敢说，气氛活跃。教师起引导作用，调控教学程。头脑风暴教学法常与卡片展示教学法结合起来，如把学生的观点采用卡片填写关键词分组上墙（黑板、白板）展示，也可使用头脑风暴畅想网络图或其他图示展示在白板、黑板或墙上，头脑风暴畅想网络图如图10-2所示。

需要注意的是，一次会议意见发表不完的，可以再次召开会议讨论，直至各种设想充分发表出来为止。在这一阶段，教师不得对学生的观点，甚至"荒唐的想法"发表评论，也不许学生对其他同学的意见进行评论。

4. 总结评价阶段

（1）小组总结，各组展示总结成果。师生共同总结，对收集到的意见或设想进行分析、筛选及归纳，以获得最佳的解决问题方案。

（2）对教学过程进行评价。采用小组自评、小组互评及教师评价相结合。教师要肯定成绩，指出问题及其完善、改正措施。

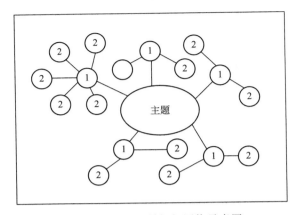

图 10-2　头脑风暴畅想网络示意图
1—影响主题的一级子问题；2—影响主题的二级子问题

三、头脑风暴教学法应用实例一

1. 学习项目：埋弧焊参数对焊接质量影响

（1）教学目的和要求

① 掌握埋弧焊原理和特点。

② 理解埋弧焊参数对焊接质量的影响。

③ 能正确选用埋弧焊主要参数。

（2）教学资源

① 理实一体教室或便于分组讨论的多媒体教室。

② 教材、参考资料：教材《焊接方法与设备》、《焊接工艺》及相关学习资料等。

③ 中国机械工程学会焊接学会网站，《焊接方法与设备》课程网站等。

（3）材料、设备及工具

① 黑板或白板。

② 写字笔、记号笔、纸张、卡片等。

（4）教学评价

① 分析出埋弧焊参数对焊接质量影响的因素多少。

② 得出埋弧焊参数对焊缝成形影响的正确程度。

③ 学习态度端正、遵守纪律、团队合作良好与否等。

（5）教学对象

高职焊接技术与自动化专业学生及其他机械类专业学生。

（6）教学时间

课时安排。

2. 头脑风暴教学法过程

（1）准备阶段

该阶段以教师为主，教师根据学习项目"埋弧焊参数对焊接质量影响"，做好教学准备工作。包括本项目的教学目的和要求、教学流程、教学学时安排，埋弧焊有关教学资源准备，头脑风暴必需的设备、工具，教室座位布置等。对教学过程中可能出现的突发事情，做好应对准备，如会议讨论停滞时，教师如何引导学生继续激发想象？若通过提问，就得准备相关问题等。

（2）开始阶段

① 教师向学生布置学习项目（课题），说明本课题的教学目的和要求，介绍提供的教学资源，介绍本次头脑风暴教学的具体实施步骤。

② 将学生 6～8 人为一组围坐一起，每组配有 1～2 位思维能力较强的人，学生准备好笔、纸等。

③ 学生根据教材等教学资源，自主学习"埋弧焊工艺"教学内容，教师适时指导。如果必要教师可集中讲解。

（3）提出设想阶段

学生根据"埋弧焊参数对焊接质量影响"课题，以小组讨论开展遐想，可以发表自己的观点，也可以补充完善同学的观点，并作好记录。

教师可注意指导学生递进式讨论分析，如电弧电压是埋弧焊参数，电弧电压对熔宽有影响，熔宽对焊接质量有影响……这样效果更好。为便于分析归纳，可采用卡片替换或使用头脑风暴网络图展示讨论最新成果。在这一阶段，教师不得对学生的观点，甚至"异想天开"进行判断，也不许学生对其他同学的意见进行评判。

（4）总结评价阶段

① 先小组自己总结，然后各组展示总结成果，最后师生共同总结，对收集到的意见或设想进行去伪存真、去粗取精，获得完整正确的"埋弧焊参数对焊接质量的影响"结论。埋弧焊参数对焊接质量影响的头脑风暴畅想网络图如图 10-3 所示。

② 对教学过程进行评价。采用小组自评、小组互评及教师评价相结合，做到过程评价与终结性评价相结合。教师要肯定成绩，指出问题及其完善、改正措施（对设想阶段中的一些离谱的想象，可推迟这时评判）。"埋弧焊参数对焊接质量影响"教学评价见表 10-3。

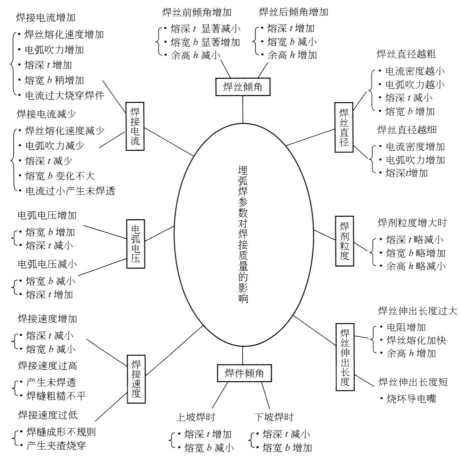

图 10-3 "埋弧焊参数对焊接质量影响"头脑风暴畅想网络图

表 10-3 "埋弧焊参数对焊接质量影响"教学评价表

评价内容	要求	评定		
		自评	组评	师评
焊接电流及影响	是否准确找出原因 □ 是　　□ 一般　□ 否			
电弧电压及影响	是否准确找出原因 □ 是　　□ 一般　□ 否			
焊接速度及影响	是否准确找出原因 □ 是　　□ 一般　□ 否			
焊件倾角及影响	是否准确找出原因 □ 是　　□ 一般　□ 否			

续表

评价内容	要求	评定		
		自评	组评	师评
焊丝倾角及影响	是否准确找出原因 □ 是　　□ 一般　　□ 否			
焊丝直径及影响	是否准确找出原因 □ 是　　□ 一般　　□ 否			
焊丝伸出长度及影响	是否准确找出原因 □ 是　　□ 一般　　□ 否			
焊剂粒度及影响	是否准确找出原因 □ 是　　□ 一般　　□ 否			
学习态度与团队合作	学习态度与团队合作 □ 好　　□ 一般　　□不好			
意见与反馈				

四、头脑风暴教学法应用实例二

1. 学习项目：焊缝质量不合格原因

（1）教学目的和要求

① 掌握焊缝缺陷种类和特征。

② 理解焊缝缺陷对焊接质量的影响。

③ 能正确分析焊缝质量不合格的原因。

（2）教学资源

① 理实一体教室或便于分组讨论的多媒体教室。

② 教材、参考资料：教材《焊接检验》、《熔焊原理及金属材料焊接》及相关学习资料等。

③ 中国机械工程学会焊接学会网站，《焊接检验》课程网站等。

（3）材料、设备及工具

① 黑板或白板。

② 写字笔、记号笔、纸张、卡片等。

（4）教学评价

① 分析出焊缝质量不合格的原因多少。

② 得出焊缝质量不合格原因的正确程度。

③ 学习态度端正、遵守纪律、团队合作良好与否等。

（5）教学对象

高职焊接技术与自动化专业学生及其他机械类专业学生。

（6）教学时间

课时安排。

2. 头脑风暴教学法过程

（1）准备阶段

教师根据学习项目"焊缝质量不合格原因"，做好头脑风暴教学准备工作。包括本项目的教学目的和要求、教学流程、教学学时安排，焊接检验有关教学资源准备，头脑风暴必需的设备、工具，教室座位布置等。此外，还要做好相关准备以应对教学中可能会发生的情况。

（2）开始阶段

① 教师向学生布置学习项目（课题），说明本课题的教学目的和要求，介绍提供的教学资源，介绍本次头脑风暴教学的具体实施过程。

② 将学生 6～8 人为一组，不同性格、不同成绩的学生搭配尽量均匀，每组配有 1～2 位思维活跃的人，学生准备好笔、纸等。

③ 学生根据教材等教学资源，自主学习"焊缝质量控制与检验"教学内容。教师随时指导答疑解惑，必要时集中讲解共性问题。

（3）提出设想阶段

学生根据"焊缝质量不合格原因"项目（课题），开展小组讨论，学生自由想象、自由发言、互相启发、互相补充，做到知无不言、言无不尽，畅想焊缝质量不合格原因，并作好记录。

在这一阶段，教师不得对学生的观点进行评判，学生也只表达自己观点，不许妨碍或评价他人发言。

考虑到该学习项目知识量较大、内容较多，重新分组增加一次讨论。需要注意的是，一要打乱原有小组成员构成，二是不宜当天再进行，否则原班人马、时间太短难于获得更多更新的设想。

焊缝质量不合格原因畅想如下：

① 操作者的影响，包括其技术状况、年龄、注意力、思想状况……

② 材料的影响，包括焊条、焊丝、焊剂、母材……

③ 工艺的影响，包括焊接参数、焊条烘焙、焊接热参数、装配质量……

④ 设备的影响，包括设备的特性、极性、使用状况、刻度误差……

⑤ 环境的影响，包括气候、风、焊缝位置……

（4）总结评价阶段

① 经过两次讨论后，小组总结，各组展示总结成果。最后师生共同总结，对收集到的意见或设想进行分析、筛选及整理，找出了焊缝质量不合格原因。总结后的"焊缝质量不合格原因"的头脑风暴畅想网络图如图 10-4 所示。

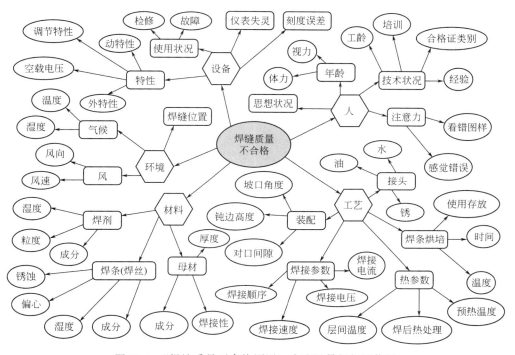

图 10-4 "焊缝质量不合格原因"头脑风暴畅想网络图

② 对教学过程进行评价。采用小组自评、小组互评及教师评价相结合，既有教学终结性评价又有教学过程评价。教师评价要客观，既要肯定成绩，又要指出问题，更要提出完善、改正的措施，以便下次做到更好。"焊缝质量不合格原因"教学评价见表 10-4。

表 10-4 "焊缝质量不合格原因"教学评价表

评价内容	要求	评定		
		自评	组评	师评
操作者及影响	是否准确找出原因 □ 是　　□ 一般　□ 否			
焊接设备及影响	是否准确找出原因 □ 是　　□ 一般　□ 否			
材料及影响	是否准确找出原因 □ 是　　□ 一般　□ 否			

评价内容	要求	评定		
		自评	组评	师评
焊接工艺及影响	是否准确找出原因 □ 是　　□ 一般 □ 否			
焊接环境及影响	是否准确找出原因 □ 是　　□ 一般 □ 否			
学习态度与团队合作	学习态度与团队合作 □ 好　□ 一般　□不好			
意见与反馈				

第三节　启发式教学法

一、启发式教学法

启发式教学法，就是教师在教学中，依据学习过程的客观规律，采用启发诱导方法传授知识、培养能力，最大限度地调动学生学习积极性和主动性，以达到掌握知识、技能的一种教学方法。在启发式教学法中，教师是主导、学生为主体，在教师启发诱导下，学生善于发现问题、自主分析问题，从而获得解决问题的方法。

二、启发式教学法实施过程

启发式教学法没有一套固定的模式，一般由以下四个阶段组成。

1. 导入阶段

教师在导入新课或新的知识点时应尽可能创设一种有趣的思维意境，诱发学生的好奇心和学习兴趣，这一阶段为导入阶段。例如，在讲焊接概念时，可用日常生活例子来创设一种有趣的情境：金属的连接的方式有哪些？教师可从学生非常熟悉的用胶水贴邮票入手联想到连接的方式有胶接、螺栓连接等，最后渐入佳境，导出焊接也是一种常见的金属连接方式。需要注意的是，教师创设的教学情境应以便于师生互动，能激发学生联想为目标，切不能稍有思索就可得出答案，这样才能充分发挥学生分析问题、解决问题的能力，激发学生的学习热情。

2. 精讲阶段

通过启发式教学的导入阶段后，学生基本上进入了学习状态，这时教师应让学生继续沿着导入思路，趁热打铁，讲解相关知识。例如，在指出焊接也是一种常见的金属连接方式之后，教师就可提出那什么是焊接呢？焊接有何特点？焊接是如何分类的？接着就可详细介绍"焊接概念、焊接特点及焊接分类"等知识。

3. 启发提问阶段

这一阶段是启发式教学的灵魂与核心。启发式提问的方法有很多，有设疑启发提问法、递进启发提问法、比较启发提问法、发散启发提问法等。如教师这时可采用比较提问法：螺栓连接和焊接这两种连接方法的区别在哪里？继而让学生进行讨论，通过讨论激发和培养学生主动思考和分析实际问题的能力，理解所比较的观点或事物之间的区别与联系，形成正确的知识观。在这一阶段，教师也可有意识地制造认知过程中的障碍，让学生自主寻找克服障碍的方法，最后峰回路转获取知识。

4. 小结阶段

经过了前三个阶段的教学过程之后，教师要抓住学生急于鉴别自己探索结果的心理，剖析错误，归纳总结出正确的结论。必须注意的是，与传统注入式教学总结不同，教师不是对自己的讲授内容进行归纳总结，而是对学生的学习结果总结，对整个教学过程的总结。

启发式教学法不是一种机械的课堂教学方法，准确地说更是一种教学的思维方法。通过这种方法，学生达到启而有发，且最终不需要教师的启发，这才是启发式教学追求的最高目标。

第四节　经验公式教学法

经验公式教学法，就是在教学过程中，使用经验公式来加深理解，增强记忆的一种教学方法。所谓经验公式，就是在生产实际中总结出来的使用简单、记忆方便、正确的数学公式。实践证明，使用经验公式教学法，学生掌握知识的程度要快得多，接受能力要提高得多，教学效果要好得多。经验公式教学法比较适合于机械加工工艺设计教学及技能实训教学。

我们以焊接专业为例，来说明经验公式在焊接工艺设计中的应用。焊接工艺设计的内容较多，主要有焊接参数、装配参数选择及焊缝尺寸确定等方面。焊接参数因焊接方法不同而略有差异，但主要是焊接电流、电弧电压、焊接速度等。装配参数主要有装配间隙、预留反变形量等。焊缝尺寸主要是对接焊缝宽度、角焊缝焊脚等。

生产实际中，这些参数的选用，一是参考相关焊接资料（如教材、手册等），二是凭生产经验，三是通过工艺试验。一般焊接资料提供的参数（特别是焊接参数）大多是以表格形式给出一个范围，有的数值范围还较大，且表格形式又不便记忆，难以掌握；如凭生产经验，但往往经验有限，与人的专业经历和从事时间等密切相关，对没多少实践经验的学生来说难度很大；而工艺试验也往往需要专业资料参考和经验支持。为此，在焊接生产中运用经验公式，能很好地解决这一难题。

1. 焊接参数经验公式

焊接参数经验公式见表 10-5。

表 10-5　焊接参数经验公式

焊接方法	经验公式（电流 I、电压 U、气体流量或气体消耗量 Q）	备　　注
焊条电弧焊	$I=11d^2$	碳钢、低合金钢酸性焊条，d 为焊条直径
	$I=(50\sim60)d$	铸铁热焊，d 为焊条直径
埋弧焊	$I=25\delta+325$，$U=0.5\delta+30$	碳钢、低合金钢不开坡口双面焊，δ 为板厚
CO_2 焊	$I=18d^2+80d$，$U=0.04I+16\pm1.5$	短路过渡，d 为焊丝直径
	$I=-11d^2+236d$，$U=0.025I+24\pm2.0$	颗粒过渡，d 为焊丝直径
碳弧气刨	$I=150+3d^2$	d 为碳棒直径
等离子弧切割	$I=(70\sim100)d$	d 为喷嘴孔径
MAG 焊	$U=0.05\times I+16\pm1$	平焊
	$U=0.05\times I+10\pm1$	立、横、仰焊
TIG 焊	$Q=(0.8\sim1.2)D(\text{L/min})$	D 为喷嘴直径
乙炔气焊	$Q=(100\sim120)\delta(\text{L/h})$	低碳钢和低合金钢左焊法，δ 为板厚
	$Q=(120\sim150)\delta(\text{L/h})$	低碳钢和低合金钢右焊法，δ 为板厚

2. 装配参数经验公式

（1）预留反变形经验公式

对接焊时，常开 V 形坡口。由于 V 形坡口具有不对称性，只在一侧焊接，焊缝在厚度方向横向收缩不均，会使钢板向上翘起产生角变形，如图 10-5 所示，其大小用变形角度来表示，一般要求变形角度控制在 3°以内。为防止或减少角变形常采用反变形法，即焊前装配（组对）时必须将焊件向焊后角变形的相反方向预留一定的反变形量（见图 10-6）。预留的反变形量过小，焊后角变形矫正不过来；预留的反变形量过大，不但不能抵消角变形，反而还留下了相反的变形。预留反变形量 Δ 的经验公式为：

$$\Delta=b\sin\theta$$

当 b 为 125 时，θ 为 3°时，$\Delta=125\sin3°=6.5\text{mm}$。

式中　Δ——反变形量，mm；

　　　b——试件宽度，mm。

　　　θ——反变形角度，（°）。

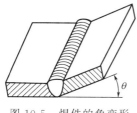

图 10-5　焊件的角变形

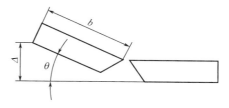

图 10-6　预留反变形量

（2）装配间隙经验公式

焊接生产中常采用不等间隙装配法，一般后半部分大于前半部分。如对于铜及铜合金熔焊时，其装配间隙大小可用以下经验公式来确定，如图 10-7 所示。

① 当板厚≤3mm，长度≤1500mm 时：

$$a_1 = 0.5 \sim 1(\text{mm})$$

$$a_2 = a_1 + (0.008 \sim 0.012)L(\text{mm})$$

② 当板厚＞3mm，长度＞2000mm 时：

$$a_1 = 1 \sim 2(\text{mm})$$

$$a_2 = a_1 + (0.02 \sim 0.03)L(\text{mm})$$

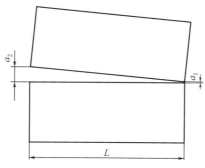

图 10-7　焊接接头装配间隙

3. 焊缝尺寸经验公式

焊条电弧焊、埋弧焊、CO_2 焊（MAG 焊）焊缝及碳弧气刨刨槽尺寸经验公式见表 10-6。

表 10-6　焊条电弧焊、埋弧焊、CO_2 焊（MAG 焊）焊缝及碳弧气刨刨槽尺寸经验公式

焊接方法	焊缝尺寸经验公式	图　　示	适用范围
焊条 电弧焊	$c=\delta+2$ c—焊缝宽度，mm δ—工件厚度，mm		板厚小于 6mm，不开坡口双面焊缝
	$c=AB+CD+b+2B=$ $2AB+b+2B$ $c=2(\delta-p)\tan\alpha/2+b/2B$ c—焊缝宽度，mm δ—工件厚度，mm b—坡口两边焊缝覆盖的宽度，一般取 $B=0.5\sim1$mm		带钝边 V 形坡口对接焊缝
	$c=2(\delta-p-R)\tan\beta+$ $2R+b+2B$ c—焊缝宽度，mm δ—工件厚度，mm b—坡口两边焊缝覆盖的宽度，一般取 $b=0.5\sim1$mm		带钝边 U 形坡口对接焊缝
	$K_1=\delta+(0\sim2)$ K_1—焊脚，mm δ—薄板厚度，mm		不开坡口的角焊缝
	$K_1=\delta+(3\sim5)$ K_1—焊脚，mm δ—管壁厚度，mm		开坡口的组合焊缝（对接焊缝+角焊缝）
埋弧焊	$c=\delta+10$ c—焊缝宽度，mm δ—工件厚度，mm		板厚小于 14mm，不开坡口双面焊缝

续表

焊接方法	焊缝尺寸经验公式	图　示	适用范围
碳弧气刨	$B=(2\sim4)+d$ B—刨槽宽度,mm d—碳棒直径,mm		碳棒为圆形断面的碳弧气刨
CO_2 焊 （MAG 焊）	$K_2= K_1-3=\delta-(1\sim3)$ K_2—焊脚,mm K_1 意义同上		$K_1>8$ 的不开坡口角焊缝
	$K_2= 0.7K_1=0.7\delta+(0\sim1.4)$ K_2—焊脚,mm K_1 意义同上		$K_1\leqslant8$ 的不开坡口角焊缝

采用经验公式教学法必须注意的两点：

一是这些经验公式得出的只是一个参数值，故在使用时，还必须视具体情况加以调整，以达到理想数值。例如焊条电弧焊用 $\phi4$ 焊条焊接时，可根据表 10-5 中的焊接电流的经验公式先算出一个大概的焊接电流值（$I=11d^2=11\times42=176A$），然后在钢板上进行试焊调整，直至确定合适的焊接电流。在试焊过程中，可根据下述几点来判断选择的电流是否合适：

（1）看飞溅　电流过大时，电弧吹力大，可看到较大颗粒的铁水向熔池外飞溅，焊接时爆裂声大；电流过小时，电弧吹力小，熔渣和铁水不易分清。

（2）看焊缝成形　电流过大时，熔深大、焊缝余高低、两侧易产生咬边；电流过小时，焊缝窄而高、熔深浅、且两侧与母材金属熔合不好；电流适中时，焊缝两侧与母材金属熔合得很好，呈圆滑过渡。

（3）看焊条熔化状况　电流过大时，当焊条熔化了大半根时，其余部分均已发红；电流过小时，电弧燃烧不稳定，焊条容易粘在焊件上。

二是总结经验公式时，往往只考虑其主要影响因素，而忽略了一些次要因素，故作为经验公式就必定有其使用的条件和范围。

第五节　口诀教学法

口诀教学法，就是把一些难理解、易混淆、难记忆、难领会其要领的操作技能或工艺用简练的语言编成口语化、形象化的口诀或顺口溜来进行教学或培训的方法。实践证明，口诀教学法，简明实用、通俗易懂，不仅适用于职业院校工艺与技能实训教学，也适用于各工种考证的培训及技能竞赛赛前训练。我们以焊接技术与自动化专业为例，来说明口诀在焊接技能实训中的应用。

一、焊接基本操作技能口诀

焊条电弧焊是目前应用最广的一种焊接方法，也是学习其他焊接方法的基础，所以加强焊条电弧焊基本功训练是掌握及提高焊接操作技能的关键。焊条电弧焊的基本操作技能有：引弧、焊缝的起头、焊条运条、焊缝接头及焊缝熄弧收尾等几个步骤。其操作要领就可归纳成如下口诀：

"引弧两方法，直击或划擦；运条手法匀，送进、摆动、移动准；起头引弧弧略长，熄弧收尾填满膛；焊缝接头匀连接，头尾相连最常见"。

口诀说明："引弧两方法，直击或划擦"指的是焊条电弧焊引弧方法有两种，即直击法与划擦法。"运条手法匀，送进、摆动、移动准"的意思是焊条的运条须三个方向同时均匀进行，即向熔池送进、焊条横向摆动及沿焊接方向移动准确。"起头引弧弧略长，收尾熄弧填满膛"意思是起头引弧时电弧稍长起预热作用，收尾熄弧时须填满弧坑以防止弧坑裂纹等缺陷。"焊缝接头匀连接，头尾相接最常见"意思是焊缝接头力求均匀以防过高、脱节及宽窄不一致，接头方法有头尾相接、头头相接与尾尾相接三种，但头尾相接最常用。

二、单面焊双面成形操作技巧口诀

单面焊双面成形是以特殊的操作方法，在坡口背面没有任何辅助措施的条件下，在坡口正面焊接，焊后保证坡口的正反面都能得到均匀、整齐、成形良好、符合质量要求的焊缝的一种焊接操作方法。单面焊双面成形操作技能是各种焊工取证及职业技能鉴定必考技能。

1. 平焊、立焊操作口诀

平焊："听看二字要记清，焊接规范要适中；短弧焊接是关键，电弧周期要缩短；焊接速度均匀行，熔池保持椭圆形；收弧弧坑要填满，给足铁水防缩孔。"

"听"是听电弧穿透声，当听到"噗噗"声时，说明电弧已击穿钝边形成熔池，这时应立即熄弧，否则熔孔过大甚至烧穿。"看"是看熔池温度和形状变化。熔池温度和形状决定着背面焊缝的宽度、余高及成形。熔池温度过高、熔孔过大，背面焊缝既高又宽不美观，而且容易烧穿。熔池温度过低、熔孔太小，往往焊根熔合不好，甚至未焊透。通常熔池呈椭圆形，熔过坡口两侧0.5～1mm为宜。

立焊："熔池大小要合适，熔渣铁水要分清；熄弧铁水要填足，防止背面现缩孔；运条动作要均匀，接头下压击穿声；坡口两侧适当停，防止缺陷成凸形。"

立焊焊接时，由于受重力影响，熔池金属容易下淌，所以要控制好熔池大小，此外为避免打底焊缝形成"凸"形，在坡口与焊道间形成夹角、产生夹渣及影响填充与盖面层焊接，焊条运到坡口两侧时必须适当停留，以保证坡口两侧熔合良好。

2. 横焊、仰焊操作口诀

单面焊双面成形时，初学者或技能不熟练者往往担心有装配间隙会导致焊穿或在背面形成焊瘤，所以操作起来胆小，导致背面常常无法成形，造成未焊透等缺陷。横焊时，由于熔滴和熔渣在重力作用下往下淌，容易使焊缝上侧产生咬边、下侧金属下坠产生焊瘤、未焊透等缺陷；仰焊时，由于重力作用熔池倒挂在焊件下面，极易在焊缝正面产生焊瘤、背面出现凹陷（塌腰），使焊缝成形困难。我们把横焊、仰焊的单面焊双面成形要领总结为"一弧两用，穿孔成形；横焊灭弧勾，仰焊向上顶"口诀。

所谓"一弧两用"就是为实现一面焊两面成形的目的，焊接电弧必须正背两面使用，一般2/3在正面燃烧，1/3在背面燃烧；"穿孔成形"即只有电弧击穿钝边形成熔孔方能在背面成形。"横焊灭弧勾"，即横焊时焊条在坡口根部上侧引弧，熔化上钝边后斜拉至坡口根部下侧，待下钝边熔化形成完整熔池后回勾灭弧，此运条过程即为回勾，如此反复直至完成整条焊缝的焊接；"仰焊向上顶"即仰焊引弧后，迅速给焊条一个向上的顶力，压低电弧熔化钝边，既保证坡口填满铁水以防背面塌腰，又可防止正面铁水下淌形成焊瘤。

三、焊接安全操作口诀

焊接是特种作业，焊接时可能会发生爆炸、火灾、灼烫、触电、中毒等事故，所以必须遵守安全操作规程，做到安全作业。

1. 防火、防爆、防触电、防辐射及灼烫安全操作口诀

"一嗅二看三检测，易燃易爆十米设；潮湿场地易触电，加垫绝缘最常见；服鞋手套配面罩，辐射灼烫伤不到；经常检查除隐患，严格管理来负责。"

2. 特殊环境焊接作业安全操作口诀

特殊环境焊接作业，是指一般工业企业正规厂房以外的地方，例如高空、野外、容器内部进行的焊接等。特殊环境焊接作业安全操作口诀如下：

"焊接生产要求高，安全操作特重要；焊机准备需完好，接地接零要可靠；防护用品穿戴好，焊件固定稳又牢；雨雪不得露天焊，露天操作观风向；高处作业安全带，监护人在地面上；密闭生产尺寸小，通风排气必须要；容器内部割与焊，专人监护外守看。"

参考文献

［1］　邱葭菲.焊接专业教学法［M］.南京：江苏教育出版社，2012.

［2］　邱葭菲.焊接方法与设备［M］.第 2 版.北京：化学工业出版社，2014.

［3］　邱葭菲.熔焊过程控制与焊接工艺［M］.长沙：中南大学出版社，2010.

［4］　[美] 霍华德.加德纳.多元智能［M］.沈致隆，译.北京：新华出版社，1999.

［5］　叶昌元，李怀康.职业活动导向教学与实践［M］.杭州：浙江科学技术出版社，2007.

［6］　严中华.职业教育课程开发与实施［M］.北京：清华大学出版社，2009.

［7］　[美] 乔尹斯.教学模式［M］.荆建华，译.北京：中国轻工业出版社，2002.

［8］　邱葭菲.焊接方法［M］.北京：机械工业出版社，2009.

［9］　邱葭菲，蔡郴英.实用焊接技术——焊接方法工艺、质量控制、技能技巧与考证竞赛［M］.长沙：湖南科学技术出版社，2010.

［10］　冯忠良.教育心理学［M］.北京：人民教育出版社，2008.

［11］　邱葭菲，蔡郴英.金属熔焊原理［M］.北京：高等教育出版社，2009.

［12］　苏州市劳动和社会保障局.行为引导型教学操作实务［M］.苏州：2003.

［13］　姜大源.职业教育学研究新论［M］.北京：教育科学出版社，2007.

［14］　邱葭菲，蔡郴英，王瑞权.焊接技能实训与考证［M］.北京：化学工业出版社，2014.

［15］　邱葭菲，李继三.职业技能鉴定教材——焊工：初级、中级、高级［M］.北京：中国劳动社会保障出版社，2014.

［16］　邱葭菲.职业技能鉴定指导——焊工：初级、中级、高级［M］.北京：中国劳动社会保障出版社，2014.

［17］　邱葭菲.焊工工艺学［M］.北京：中国劳动社会保障出版社，2014.

［18］　邱葭菲.焊工［M］.北京：中国劳动社会保障出版社，2012.

［19］　邱葭菲.金属熔焊原理及材料焊接［M］.北京：机械工业出版社，2011.

［20］　邱葭菲.焊接方法与工艺［M］.北京：机械工业出版社，2013.

［21］　王长忠.高级焊工技能训练［M］.北京：中国劳动社会保障出版社，2006.

［22］　邱葭菲.焊接术语的正确理解和使用［J］.电焊机，2006（3）.

［23］　邱葭菲.焊缝尺寸经验计算公式的研究与应用［J］.机械工人，2001（3）.

［24］　邱葭菲，叶琦.MAG 焊焊接接头的研究［J］.机械制造，2005（3）.

［25］　邱葭菲.焊接工艺疑难问题解析［J］.热加工工艺，2003（1）.

［26］　邱葭菲.焊缝符号标注常见错误分析.［J］机械工人，1999（6）.

［27］　邱葭菲，王晓翠.技校生产实习教学应注意的问题［J］.职业技能培训教学.1994（6）.

［28］　邱葭菲，蔡郴英.焊工培训与考试的研究及应用［J］.电焊机，2009（3）.

［29］　邱葭菲，蔡郴英.焊接工艺文件中常见错误分析［J］.焊接，2003（9）.

［30］　邱葭菲.焊接经验公式在焊接工艺中的应用［J］.电焊机，1997（1）.

［31］　邱葭菲.焊接实训教学四步法［J］.电焊机，2011（8）.

［32］　邱葭菲，蔡郴英.基于国家职业标准的《焊接方法》项目课程教材的研发与实践［J］.职业技术教育，2009（2）.

［33］　邱葭菲.基于阶段教学的实训教学法的研究与实践［J］.中国职业技术教育，2012（14）.

［34］　邱葭菲.BS 教学法及其在焊工培训中的应用［J］.电焊机，2012（10）.

[35] 邱葭菲.高职焊接专业教学法的研究与应用 [J].电焊机，2012（12）.

[36] 邱葭菲，文建平，王瑞权.焊接"教、学、辅、考、接"五位一体立体化系列教材建设 [J].电焊机，2014（8）.

[37] 邱葭菲.焊接经验公式在焊接工艺中的应用 [J].焊接技术，2015（3）.

[38] 邱葭菲，王瑞权，张伟.口诀教学法及在焊接培训（实训）中的应用 [J].焊接技术，2013 （12）.

[39] 蔡郴英.机加工职业技能培训教学方法的研究 [J].教育教学论坛，2013（36）.

[40] 邱葭菲，王瑞权.基于全面质量管理的焊接实训教学与培训 [J].电焊机，2015（2）.

[41] 蔡郴英，童拥军，邱葭菲.角焊缝焊接质量控制 [J].电焊机，2016（6）.

[42] 邱葭菲，蔡郴英.铸件加热减应区法焊接修复工艺及应用 [J].铸造技术，2011（11）.

[43] 邱葭菲，王瑞权.黄铜气焊工艺研究及应用 [J].特种铸造及有色金属，2012（10）.

[44] 周养萍.基于工作过程的《机械制造工艺与装备》课程理实一体化教学改革与实践 [J].教育教学论坛，2016（12）.

[45] 柳燕君.现代职业教育教学模式 [M].北京：机械工业出版社，2014.

[46] 柳燕君，孟献军.模具钳工工艺与技能训练 [M].北京：高等教育出版社，2010.

[47] 阎承沛.典型零件热处理缺陷分析与对策 480 例 [M].北京：机械工业出版社，2008.

[48] 匡和碧，孙卫和.冲压模具设计——项目式教程 [M].西安：西安电子科技大学出版社，2013.

[49] 吴京霞.典型零件数控加工 [M].北京：北京航空航天大学出版社，2012.

[50] 张品文等.钳工工艺与技能训练 [M].济南：山东科学技术出版社，2012.

[51] 艾建军，刘建敏.金工实训 [M].大连：大连理工大学出版社，2012.

[52] 张立新.金工实训 [M].北京：化学工业出版社，2005.

[53] 阿姆斯特朗.课堂中的多元智能——开展以学生为中心的教学 [M].北京：中国轻工业出版社，2003.

[54] 黄希庭.心理学导论 [M].北京：人民教育出版社，2007.

[55] 任银兵.冷冲模具失效原因分析与对策 [J].金属加工，2016（7）.

[56] 蔡郴英，李楠，邱葭菲.基于翻转课堂的教学与管理研究 [J].课程教育研究，2015（9）.

[57] 邱葭菲，蔡郴英.焊工培训常见问题分析与研究 [J].电焊机，2013（11）.

[58] 邱葭菲，王瑞权.基于"短、平、快"的班主任工作创新研究与实践 [J].课程教育研究，2015（9）.

[59] 邱葭菲，蔡郴英.焊接接头设计工艺性研究（一）[J].热加工工艺，2012（9）.

[60] 邱葭菲，蔡郴英.焊接接头设计工艺性研究（二）[J].热加工工艺，2012（12）.